# 反低调

## ÜBERZEUGT!

这就是你告别平庸的方式

[德] 雅克·纳斯海 著
Jack Nasher
严孟然 译



新世界出版社
NEW WORLD PRESS

北京版权保护中心引进书版权合同登记：图字 01-2019-2014 号

**图书在版编目（CIP）数据**

反低调 /（德）雅克·纳斯海著；严孟然译. -- 北京：新世界出版社，2019. 8
ISBN 978-7-5104-6771-4

Ⅰ. ①反… Ⅱ. ①雅… ②严…Ⅲ. ①心理学－通俗读物 Ⅳ. ①B84-49

中国版本图书馆 CIP 数据核字(2019) 第088607号

**反低调**

作　　者：[德] 雅克·纳斯海（Jack Nasher）
译　　者：严孟然
策　　划：中资海派
执行策划：黄　河　桂　林
责任编辑：贾瑞娜
特约编辑：韩周航　董莹雪　张　蓉
责任校对：宣　慧
责任印制：王宝根　钟家烨
出版发行：新世界出版社
社　　址：北京西城区百万庄大街24 号（100037）
发 行 部：(010) 6899 5968　(010) 6899 8705（传真）
总 编 室：(010) 6899 5424　(010) 6832 6679（传真）
http：//www.nwp.cn　　http: //www.newworld-press.com
版 权 部：+8610 6899 6306
版权部电子信箱：frank@nwp.com.cn
印　　刷：深圳市雅佳图印刷有限公司
经　　销：新华书店
开　　本：787mm × 1092mm　1/32
字　　数：200 千字　　印　张：7
版　　次：2019 年 8月第1 版　2019 年 8月第1 次印刷
书　　号：ISBN 978-7-5104-6771-4
定　　价：45.00 元

# ÜBER ZEUGT! 权威推荐

**罗伯特·西奥迪尼（Robert Cialdini）**

**《影响力》（*Influence*）作者**

要想获得别人的认可，光有能力是不够的，成功地展示自己的能力更为重要。现在，终于有一本书告诉我们应该如何展示自己了，我们都需要这本书。

**多米尼克·巴顿（Dominic Barton）**

**麦肯锡全球管理合伙人**

在信息过载和算法主导的时代，评估和传达真正的专业知识，是一项关键的管理能力。《反低调》将为你指明前进的方向。

马修·莱顿（Matthew Layton）

高伟绅律师事务所全球管理合伙人

无论你的职业或专长是什么，你的能力每时每刻都会被他人判断和评估。《反低调》为我们提供了有效而实用的见解，只要采取书中的技巧，任何人都可以增强自信并提升他人对自己的信任感。本书作者的话引人入胜、十分有趣，并且完全令人信服！

安迪·帕尔默（Andy Palmer）

阿斯顿·马丁总裁兼首席执行官

这是一次引人入胜的阅读体验……你可能拥有本科学历和丰富的经验，甚至已取得了工商管理硕士学位，但现在你仍需要阅读《反低调》！有能力胜任自己的工作不是最重要的，被认为有能力才最重要。

鲁伯特·扬格（Rupert Younger）

牛津大学企业声誉中心教授，导演

被他人赏识很重要。《反低调》从行为等方面告诉你如何塑造他人对你的认知，并为自己创造竞争优势。

G. 理查德·谢尔（G.Richard Shell）

沃顿商学院教授，《追求的艺术》（*The Art of Woo*）合著者

就像河流最终会流向大海一样，权力最终会属于那些有说服力的人。

《反低调》这本书为你提供了说服他人的技巧。你需要赢得他人的认可，让权力主动向你靠近。

迈克尔·惠勒（Michael Wheeler）

哈佛商学院教授，《谈判的艺术》（*The Art of Negotiation*）作者

要想找到一份工作，获得投资者的支持，完成一笔交易或者发起一项行动，仅尽力做到最好是不够的。最重要的是要说服别人相信你的能力，认为你值得信赖，可以为他们提供所需要的东西。这本引人注目的新书列出了 8 条实用性原则，它们将积极地影响他人对你能力的判断。纳斯海的劝告十分吸引人，我相信你很快就会被他说服。

亚历山大·温尼科夫（Alexander Vinnikov）

北约驻乌克兰代表团团长

无论是在商业领域还是在外交领域，说服人们相信自己的专业技能是成功谈判的关键。传播这种能力也有助于领导者获得员工的认可和接纳。纳斯海博士为我们提供了科学且实用的技巧，这些技巧对公共部门和私营部门的管理者来说必不可少。

乔琪斯·科恩（Georges Kern）

百年灵公司首席执行官

《反低调》的核心论点是：仅拥有非凡的能力是不够的。如今，所

有的高层管理者和任何一个渴望成为高层管理者的人，都有必要对自己的形象负责，承担起相应的个人公关责任。纳斯海教授在书中介绍了一些技巧，让我们能够更好地展示自己的专业技能，从而赢得他人的认可。这本书引人入胜、娱乐性强，具有教育意义但又绝不迂腐，在此强烈推荐！

### 《汉堡晚报》（*Hamburger Abendblatt*）

纳斯海已经掌握了冷静写作的艺术……本书文笔流畅，具有可读性，书中还加入了大量日常生活中的趣闻轶事和实例。

## ÜBER ZEUGT! 前言

# 你不是没能力，只是不会展示自己

为什么有的人一看就像能力出众者？一个新的开始源于另一个开始的终结。

——塞内卡（Seneca）

古罗马政治家、斯多葛派哲学家，悲剧作家

2004 年，我刚从牛津大学完成学业，便出版了我人生的第一本书《能力展示的艺术》（*Die Kunst, Kompetenz zu zeigen*）。我还清楚地记得自己拿到装有样书的包裹后，双手颤抖地拆开它的情景。这是我的第一本书！我满怀信心地认为它可能改变人们的生活和工作方式，甚至改变世界！然而，后来似乎什么也没有改变。

大卫·休谟（David Hume）曾评价自己的某本著作“在印刷之后便消亡”，我的那本《能力展示的艺术》也如出一辙。有一天，我在老家的书店里惊喜地发现了一本《能力展示的艺术》，令我更意外的是，当我喝完咖啡后再次回到书店时，那本书已经不见了——它被人买走了！然而，等我来到我亲爱的母亲家里，竟又一次见到了它。原来，买书的人是我的母亲！

不过，到了 2010 年，我的新书《透视谎言》（*Durchschaut!*）在推出的数周之内便被抢购一空。我仿佛在一夜之间就成了畅销书作家，而我的第一本书《能力展示的艺术》也因此开始被越来越多的人关注。我甚至收到了大量和“能力展示”有关的咨询信。那本曾经无人问津的书，如今不花上 100 欧，读者根本无法买到。

回忆售书的往事，有一场新书推介会让我印象深刻。当时，主办方为我准备了一个柜台来摆放《透视谎言》，而我又在柜台旁放了一摞《能力展示的艺术》，这引起了主办方的注意。在告诉对方《能力展示的艺术》的受欢迎程度后，他们毫不犹豫地表示要将两本书一起出售。3 分钟后，售罄的不是《透视谎言》，而是《能力展示的艺术》。之后，随着我另外两本书的成功，《能力展示的艺术》一书的热度还在不断攀升。时至今日，我每天都会收到很多封咨询信。

其实只要再版《能力展示的艺术》，我就可以轻松获得可观的收益（我当然乐见其成），但是，在我参加了大量演讲会和研讨会，研究了无数新观点、新书及论文（本书进行了大量引用）后，我的目光变得更加敏锐，也知道了与时俱进的意义。现在，我的知识体系越发丰富起来，并已在罗马和斯里兰卡的学术会议上热切地表达了自己的观点。

在过去几十年里，我通过将理论知识与实践相结合，取得了突破性的进步。现在你手中的这本书，就是这两者的结晶。我很乐意看到你激动地拆开本书，也希望这本入门读物能对你有所帮助。

雅克·纳斯海（Jack Nasher）

慕尼黑

2017 年 1 月

ÜBER ZEUGT! 目录

歌德曾经说过：“人们见到的，正是他们知道的。”一旦人们了解了光环效应，就能不着痕迹地影响他人对自己的评价了。



“天才”不是天生有才华的人，而是训练的产物。杰出也不是一种天赋，而是一种技巧；这种技巧，你我都可以掌握。

# 1 ONE

## 第1章
## 揭秘被感知的能力

能力是职业生涯的关键特质，但他人无法对我们的能力进行客观评价。我们只有通过有效的技巧、高调的展示，提升自己被感知的能力。

机遇不是每天都有，所以遇到展示才华的机会时，要善加利用。懂得展示你的才干，这才是天才般的智慧。

## 约书亚·贝尔：天才音乐家也会被埋没

一位世界级著名小提琴演奏家，在不做任何宣传的情况下，以匿名的方式在出行高峰期的地铁站演奏，会发生什么事情？

《华盛顿邮报》（*The Washington Post*）记者吉恩·温加滕（Gene Weingarten）向美国国家交响乐团的指挥莱昂纳德·斯拉特金（Leonard Slatkin）提出了上述问题。对方回答说："或许没有人能认出这位小提琴家，只会把他当作一位不知名的街头音乐人……但是我认为人们不会完全忽视他……我预估，大概有 10% 的行人会驻足欣赏，4% 的人可以听出他的水平。"

"大师，感谢您的回答，"温加滕说，"其实这不是一个假设性问题，而是一个真实的事件。"

"那么我的猜想对吗？"

“您马上就会知道结果。”

“这位音乐家是谁？”

“约书亚·贝尔（Joshua Bell）。”

贝尔在不到40岁时，已因其传奇的职业生涯获得了“神奇小子”“天才”甚至“音乐上帝”的称号。在17岁时，他已经作为独奏者登上了卡内基音乐厅的舞台，与伦敦交响乐团等世界级乐团合作演出。贝尔获奖无数，英国水星音乐奖和留声机奖、德国古典回声奖、美国格莱美奖都被他收入囊中。他负责为电影《红色小提琴》（*Die rote Violine*）配乐，该电影还获得了奥斯卡最佳原创音乐奖。

在实验的准备阶段，《华盛顿邮报》的工作人员害怕出现哄挤的情况，曾考虑是否需要调用国民警卫队来控制局面，甚至还考虑在紧急情况时投放催泪瓦斯或使用防爆弹等手段。虽然他们对安全问题表示了强烈的担忧，但这个冒险的实验还是进行了。

2007年1月12日，约书亚·贝尔第一次体验了“街头音乐人”这一身份。

那是一个寒冷的早晨，临近8点，贝尔走进了华盛顿朗方广场地铁站。他把琴盒打开，取出小提琴。这把琴是著名制琴大师斯特拉底瓦里（Stradivari）在1713年（制琴黄金时期）制成的，价值近400万美元。贝尔挥动的琴弓也大有来头，那是18世纪晚期的制弓大师富兰索瓦・图尔特（Franois Tourte）的作品。年轻的贝尔就站在那里，消瘦而略显羞涩，他戴着一顶棒球帽做掩饰。

贝尔从巴赫无伴奏小提琴 d 小调第二组曲中的《夏康舞曲》（*Chaconne*）开始演奏，该曲是衡量小提琴家合格与否的标准。作曲家约翰内斯・勃拉姆斯（Johannes Brahms）甚至称之为“最完美、最神秘的音乐作品……给人最深刻的思考与最强烈的感动”。“如果我能写出这样的曲子，”勃拉姆斯激动地说道，“我敢确定那种巨大的、难言的激动将使我癫狂。”

当一个世界级小提琴家用极其贵重的小提琴奏起一首划时代的曲目时，会发生什么呢？

最初的 3 分钟，有 63 位行人经过，但只有一位中年男子注意到演奏后放慢了脚步。接着，一位女士向琴盒里扔了 1 美元，然后继续赶路。在之后的时间里，共有 1 097 人路过，其中没有一个人鼓掌，有 7 个人停下了脚步，27 个人往琴盒里丢了钱却没有停留。

地铁站几米之外的彩票投注站旁始终站着一些人，但在实验进行的 45 分钟里，他们之中没有一个人往音乐传来的方向看过一眼。同时，不远处还有一个精力充沛的巴西擦鞋匠，他一直在抱怨周围太吵，不过还好没有像平时一样打电话向警察投诉。实验结束后，贝尔赚得了 32 美元 17 美分，与一般的街头音乐人无异。

这其中还包括一位女士在认出贝尔后向琴盒里扔的 20 美元。要知道，3 天前，他在波士顿交响乐大厅的演出票价最低为 100 美元，且座无虚席。

实验中，每首曲子结束的时候，贝尔都觉得特别难堪和尴尬，因为他没有收获一点掌声。“那种感觉真是令人不悦，”他事后回忆道，“我就这么被人忽略了。如果是在音乐厅，有人咳嗽或者手机响起，我都会生气……”

世界上最优秀的小提琴家，使用斯特拉底瓦里小提琴，演奏不同时期最伟大的大师的作品，这可谓史无前例。实验前，人们认为是金子在哪里都会发光，相信路人一定会被贝尔的演奏所吸引。然而实验证明，才能不会自己发光。你也许是某个领域最优秀的人，但在没有人注意到你的才能的情况下，可能有人会把你当成笨蛋。所以，你必须自己把能力展示出来。这正是本书的主题。

相关研究一再证明，鉴定从业人员的专业能力非常困难。人们很难在看一眼成果之后，就能立刻给出客观且正确的评判。从这方面来看，对一个音乐人的能力做出判断十分具有挑战性。

不同于音乐鉴赏，体育竞技的结果会明确显示胜利与失败，在有具体任务的工作中，人们也能清楚地看到事情是否完成，可是结果真的能证明什么吗？

事实上，结果没有办法证明一个人能力的高低。律师可能打赢官司也可能败诉，但即便输了官司，律师的能力还是可以得到认可，反之亦然，毕竟律师的能力不能以胜诉率来评判。医生也同样如此，庸医有时候能治好病人，只是因为对于有些疾病，人体有足够的自我修复能力。良医有时候治疗失败，可能是因为这种病本身就无法治愈。这个逻辑对企业家也适用，老板能力不强，高质量的产品也能赢得消费者信赖，并促使销量增加。反过来，老板能力卓越，也可能遇到强劲的对手而导致产品滞销。再说政治领域，就算经济不景气、失业率高，也不能说明领导者的能力不足。

一个人成功与否，真的可以侧面印证他的能力吗？经济领域存在着真实案例：1983 年，美国电话电报公司（以下简称 AT&T 公司）委托麦肯锡咨询公司对移动通信市场的前景进行预测。当时的美国国家无线通信局局长托马斯·苏各儒（Thomas Sugrue）回忆道："麦肯锡向 AT&T 公司表明，截至 2000 年，美国移动电话的使用人数最多只能达到 100 万。"

但结果并非如此，到了 2000 年，已有 8 000 万美国人用上了无线电话，预测数量远不及实际数量。AT&T 公司根据麦肯锡的咨询结果制定了企业战略，最终损失高达数十亿美元。AT&T 公司曾经是世界级的优秀企业，在行业内德高望重，此后却每况愈下，最终被曾经的子公司西南贝尔吞并。

2000 年，这笔数十亿美元的损失被曝光后，麦肯锡的遭遇如何？客户大量流失，公司迅速破产？恰好相反，麦肯锡的声誉没有受到丝毫影响，公司如日中天。

这看起来很奇怪：有的人表现得很有能力，却遭遇了失败；有的人能力无法让人信服，却取得了成功。能力是否被认可，与成功与否没有丝毫关系。这话是否太以偏概全？不，这还只是轻描淡写。真实情况是：哪怕一个人没有真材实料，也不影响他“看上去很有能力”。在 20 世纪，人们生病了不是去医院，而是等着自动痊愈，因为当时万能的“放血疗法”不仅没有作用，还经常引发感染。尽管医生和药师的能力没有被认可，他们还是享有极高的声望。

某人一旦被认为是某一领域的业内人士，给他人的印象就是一定具备该领域的专业能力。美国心理学家菲利普·泰特洛克（Philip Tetlock）曾邀请来自经济、政治和军事领域的数百位专家，对各自领域未来 5 年的发展进行预测。5 年之后，现实与预测的对比结果打破了专家的光环，众人心中的资深专家根本做不到准确预测，甚至声望越高的那些专家预测的偏差越大。尽管专家每天一本正经地对金融危机或战争爆发等重大事件进行抽丝剥茧的分析，但他们并没有预言未来的能力。

因此，我们长久以来的认知需要被修正：一件事情完成得不好，不一定会导致负面评价；而一件事情完成得出色，也不一定会获得认可。

## 存在感是刷出来的

约书亚·贝尔在地铁站表演后，一些行人接受了媒体的采访。“没错，我看到有人在那里拉小提琴，”一位职业女律师如是说，“可是他的琴声没有给我留下深刻印象。”

这位女律师无视了小提琴家出众的才能，我们可以因此说她愚昧吗？换做是你，你会识别出贝尔的才能吗？你是否认识优秀的牙医？我猜你认为自己的牙医是有专业能力的，不然你肯定早就换掉他了，更不会把他推荐给别人。对牙科专业知识一无所知的你，是如何做出评价的呢？承认吧，你的判断并不客观，你的依据可能是诊所的卫生水平或医护人员的友善度，严格来说，这些与牙医的实际能力没有一点关系。实际上，就算是在面对面的交流中，我们也很难对他人的能力做出正确的判断。

结束法律专业的学习后，我进入了美国世达律师事务所实习，它被称为最有声望的律师事务所，专注于公司兼并及收购方面的法律服务。《福布斯》（*Forbes*）杂志评价其为“华尔街最强大的律师事务所”。在这里实习，我觉得自己前途无量。那时，我不用见客户，只需西装革履地在电脑面前坐 12 个小时，制作股权认购协议，即 SPA。同事们在隔壁办公室也忙着同样的事情。我们的教育背景相同，成绩相近，而且穿着打扮也毫无二致。要想进入律师生涯的最高殿堂，成为事务所的合伙人，我必须以新人身份等上 7 ~ 10 年。因为，那些坐在更大的办公室里的领导必须花这么长的时间才能确定，哪些人的能力与自己的能力相当。

每天都有委托人亲自前往律师事务所，他们需要专业建议，所以想通过拜访律师事务所来了解律师的实力。实际上，这种做法并没有什么用，但还有别的方式吗？我们把能力视为决定性因素，不管是选理发师还是选税务顾问，总是希望将任务交由能力更强的人来完成。虽然自身对这些技能一窍不通，但我们通常根据自己的相关能力来对所有事情进行评价。

且慢！每本专业书籍不都是以严密的定义开始的吗？所以我是不是首先要给“能力”下定义？

答案是否定的，因为从逻辑上来说，下定义如同最终解释一样是不可能的。

德国哲学家汉斯·阿尔伯特（Hans Albert）借用“明希豪森三重困境”讽刺了这种“不可能”。书中的男爵明希豪森讲到，他曾经抓住自己的头发，把自己从沼泽里拉了出来。不断地追问每个字眼的定义，只有三种结果：第一种结果是无限倒退。我们用其他词语来描述这些字眼，不断钻牛角尖，不知道什么时候就走进了死胡同，因为词语也是有限的。第二种结果就是无限循环。这些词语不知不觉就会无休无止地重复，在逻辑上毫无意义。第三种结果就是追问过程被武断终止。

从这方面来说，准确地定义“能力”太不切实际，所以我们最好把这一步省掉。每个人都知道，能力意味着知识与实践技术的结合，当你需要说服他人时，能力就是那个决定性因素。

严格区分理论与实践、智力与能力毫无意义，因为它们总是紧密联系在一起，许多研究也倾向于将之合为一个因素进行分析。因此，我们只需大致划定范围，以便有更多时间去研究真正重要的问题：职场中，除了可靠度和名气之外，还有什么特质是绩效考核的基础，可作为招聘、升迁、分配任务及薪资的决定性因素？

综上所述，我们认识到：

1. 我们无法简单地对一个人的能力进行客观且正确的评价。
2. 我们认为能力是职业生涯的关键特质。环境越来越复杂，世界渐渐变成一个不可窥探的“黑箱”，人的能力也越来越难以判断，越是如此，我们越渴望与有能力的人共事，因此我们需要越来越多的可以判断他人能力的线索。这里所说的“能力”不是我们难以理解的真正的能力，而是能被感知的能力，即我们认为能够被他人识别的能力。想要区别被感知的能力和真正的能力，我们先要承认，有的人没什么能力，却声名显赫。

3. 能力若深藏不露，则对成功无益。

你怎么看待上述第 3 点？会不会对此有点反感？还记得那个深深扎根在我们心中的信念吗？它曾在《格林童话》（*Grimm's Fairy Tales*）和迪士尼的影片中出现——每个人最终都会得到他们该得到的东西，王子终会迎娶公主，坏人必将得到惩罚。

贝尔街头演奏的当天，史黛西·古川（Stacy Furukawa）偶然经过了朗方地铁站。她停在约书亚·贝尔面前，完全无法理解周围的人为什么都这么无知。“这是我在华盛顿遇到的最震惊的事情，约书亚·贝尔站在那里演奏，然而不仅没有人驻足，甚至都没人看一眼，更不可思议的是，还有人向他丢硬币……我觉得匪夷所思。天哪，我到底在什么样的城市！”

史黛西能在最糟糕的环境下辨认出精湛的琴技，这不足为奇，3 天前，她刚刚听过贝尔的音乐会。即便上千人中只有她识别出了这位天才小提琴家，她还是相信伟大的人必定能证明自己的能力。

心理学家艾伦·勒纳（Alan Lerner）称这种狭隘的世界观为“公

平世界假说”。青少年时期，我们拥有坚定的道德观与价值观，但随着时间的推移，我们渐渐发现这些美好的信念与现实完全脱节。坏人往往最终获得成功，而好人一事无成。

我们越来越觉得，自己很难彻底摒弃从小养成的世界观，虽然它对我们成为一个道德高尚的人至关重要，但也是我们今后发展的累赘。它只是这个世界的面具，用于掩盖那些不公平的事情。有的人意识到了这种理解偏差，却又无法克服它，于是信仰宗教，希望来世公平，其他人则选择接受现实，在当下做到最好。

“我们得到的不是我们应得的，而是我们争取来的。”曾经有人这样说，而争取的手段，也可以用来展现能力。这看起来并不公平，但你要彻底反抗吗？如果答案是肯定的，你现在就可以制作标语去街上游行，或是写信给上帝，然而这无济于事。聪明的做法是，不但要接受这种现实，还要好好利用它。美国前总统约翰·肯尼迪（John Kennedy）曾经说过：“世界是不公平的，但这并非对你毫无益处。”懂得对现实善加利用的，就是聪明人。

## 爱因斯坦是个“被迫的骗子”？

我们总是忍不住去想，评价他人能力的标准究竟是什么？有些标准很可能是错的，甚至还会有点儿“蠢”，但如果你的目的是展现自己的能力并且让他人信服，那么这些标准就至关重要。

我在这里必须强调一下：本书并不是一本说明书，我不会在书中给出任何标准，就像在那本关于谈判艺术的书中，我也不想强迫任何人照本宣科地保持谈判热情。道理是一样的，我将在本书中介绍最有效的技巧，让你展示自己的能力并让他人信服，但要用哪些技巧，由你决定。

我关心这个时代中的每一个人，但大多数人都让我感到十分遗憾。他们用大半生的时间来获取职业晋升所必需的文凭，这一过程会赋予他们必要的能力，然而在经历了多年的挫折后，他们终将发现这些费尽心思获得的能力并不能保证职业生涯的成功。

有时候，你会感到毫无头绪，觉得自己无能为力，在心里反复地问：“我能发挥的价值就只有这么一点了吗？”这时候通常说明你正处在最好的圈子里。成功人士才常会发出这样的感叹，觉得自己的成功是由非正当手段骗来的，或者认为现在的成就只是因为自己运气好，这种症状被称为“冒名顶替综合征”（Impostor Syndrome）。很多人常常觉得自己名不副实，哪怕是爱因斯坦也在死前说过，虽然备受尊敬，但他还是觉得自己像个“被迫的骗子”。

美国教育学家劳伦斯·彼得（Laurence J. Peter）提出的彼得定律指出：每个职工趋向于上升到他所不能胜任的职位，此后不再被晋升。大部分职工得以晋升，是因为他们在自己所从事的领域表现得优秀，但遗憾的是，他们往往在自己无法胜任的职位上待的时间最长。所以我们可以想象大部分领导者的真实能力，以及他们为何认为自己名不副实。

除了上述原因，让我们感到不安的因素还有一个：知识总量正呈指数增长。

德国斯图加特的马克斯 - 普朗克研究所（Max-Planck-Institute）调查发现：1650 年全球受教育人口数不到 100 万，而到了 1950 年，就已增长至 1 000 万。也就是说，300 年的时间使受教育人口数增长了 10 倍。然而仅仅又过了 50 年，这个数字又增长了 10 倍，达到 1 亿。并且，在这些受教育的人阅读、思考、写作的过程中，知识总量又以更快的速度增长了。事实上，一台最新的智能手机安装的软件数量，比 1968 年的航天飞机装载的软件总数要多得多。

由于知识总量正呈指数增长，所以开创性创新，也就是哈佛商学院教授克莱顿 · 克里斯坦森（Clayton M. Christensen）所说的“破坏性技术”会一个接一个地出现。一夜之间，这些技术就会改变很多行业，淘汰旧行业，形成新行业，职位甚至企业也会以更快的速度变迁。因此，当今社会对银行家、律师和经纪人等职业有了更高的从业要求。

企业成长跟不上变迁的速度就会被淘汰，就像曾经的影像行业巨头柯达、获利最高的投资银行雷曼兄弟和闻名世界的移动通信厂商诺基亚等，都因此消失在了公众眼前。

没有哪个现代经济作家会忽视这个时代的不可测因素。从“企业业务流程重构”到“Z 理论”，无数理论都在研究企业如何战胜不断变化的挑战。从管理学的角度看，是各种理论工具将管理模型变成了现实。面对几乎所有行业都在提升对从业资格的要求这一现实，我们应该如何对自己的能力保留一丝信心？我在牛津大学写关于真实能力和被感知的能力的硕士论文时，就意识到了这个问题。它从新千年伊始就一直困扰着我，而直到 2009 年的某个傍晚，我终于在纽约把它完全解开了。

2009 年，我作为见习律师在联合国工作，职位是助理专员。当时全球遭遇金融危机，我需要写一份报告，主题是“关于如何在国际机构的协助下避免金融危机”。我花了差不多一周的时间来完成这份报告，它的重点是如何强化世界银行和国际货币基金组织的职能。“再写短点！”我的上司反复强调，毕竟决策者时间宝贵。因此我学到，一篇文章写到不能再扩写还不算成功，必须简练到不能再删掉任何一个字才算成功。当了老师之后，我也反复向我的学生叮嘱这一点。最终，我提交的报告只有一页。

后来在一次新闻发布会上，我听到一位德国政府人员的计划书，它的主题与我之前写的报告相同，而让我惊讶的是，该计划书和我写的报告一字不差。

新闻发布会一周后，我坐在联合国代表的休息室里，从这里可以看到纽约东河美丽的景色，各国大使每周都会在此会面。坐在我旁边的是一位级别很高的政治家，他此行是代表自己的国家参与全体大会。跟他交谈后我得知，这次会议他将有两次发言，发言的主题一个是关于某个非洲国家的基础设施，另一个则是关于近东安全局势。会议的前一天，我跟他聊起其中一个主题，发现他对该主题的了解并不多，然而明天就要举行会议了。会议结束之后我们共进晚餐，几杯饮料下肚后，我终于对这位政治家提出了困扰我一整天的疑问："您不觉得这样像江湖骗子吗？您昨天还对这些主题毫无头绪呢？"

但是，他给出了一个我至今仍可以逐字复述的答案。"我当然对具体情况一无所知，可我为什么要知道呢？"他笑着反问道，眼睛都不眨一下。随后，他站起来，像大海上的船长，看着远方，继续毫无顾忌地娓娓道来："作为领导者，我的任务是在充满不确定的大洋中给人安全感。"接下来，他又说："专家是指那些对某个细分领域了解很深的人，领导者则是那些涉猎很广，却没有深入研究某个领域的人。"

我感觉茅塞顿开。此后，在与企业高管的接触中，该政治家的说法也不断被验证。成功的领导者会完全承认对某件事情没有头绪，但不会因此止步不前。

德国社会学家尼克拉斯·卢曼（Niklas Luhmann）的社会系统理论为这一说法提供了支持。他将系统从环境中抽离，认为每个系统都有自己的结构。工厂工人按照自己的系统活动，CEO也是如此，同理，咨询顾问也只能做自己系统内的事情，不应该钻牛角尖，不需要什么都比别人了解得多一点。

原因很简单：没人可以做到什么都精通。世界如此复杂，没有人可以对所有系统都有全方位的了解，每个人始终是在自己的系统里活动。

意识到每个人只能掌握自己有限的小系统，是获取和平心态和长期成功的关键。

## 预言成真的秘密

尽管可能遇到上文提及的不利情况和困境，也不可避免地会遭遇无能为力的境况，人们还是会不断尝试向他人展示自己的能力。然而，在抱着极有可能会失败的想法时，很少有人会探寻一些实用的工具或技巧，提高自己被感知的能力。

在一次实验中，测试者被要求设法让交谈对象对自己产生好感，结果大部分测试者都做到了。他们的技巧是展示自己友好和礼貌的一面，并经常微笑。接着，测试者被要求给交谈对象留下有能力的印象，结果他们竟然都失败了。因为他们的肢体语言变得夸张、不自然，说话方式也矫揉造作、自命不凡。这不仅使他们看起来毫无能力，还给他人留下了令人不适及难以亲近的印象。

我们有与他人愉快相处的本能，却对如何有效地展示自己的能力一筹莫展。

正因如此，本书接下来会详细讲解更多的方式和方法，帮助你真正有效地展示自己的能力，即所谓的印象管理（Impression Management）。令人欣慰的是，这些用于提高被感知的能力的技巧能帮助所有参与者。

在一次实验中，男性测试者要与女性通电话。一组男性事先被告知，通话对象充满魅力；另一组则被告知对方毫无吸引力。通话时，前者觉得对方风趣幽默、擅长交际，因此自己也表现得更有趣。渐渐地，他们发现通话对象的反应很符合自己的设想，于是变得更加自信和活跃。这些男性测试者只是随机选到这个组，至于通话对象究竟是充满魅力还是毫无吸引力，我们不得而知。有趣的是，他们最初的印象都被印证了。这就是所谓的“自我实现预言”。

不一定会实现的预言就是这样成真的。现在，我们假设一个预言家说你下个月会长胖 20 公斤。你如果对此深信不疑，就很可能把正在进行的节食计划停下来，因为你觉得无力回天，这正好是当初的预言最终实现的原因。此外，一些占星术与性格关系的研究表明，了解某个星座有什么性格特征的人，会按照星座特征来行为处事，久而久之，那个人就会表现得符合“预测的”性格。

这种情况在能力这个话题中也普遍存在。如果病人认为主治医师医术高超，即便疗法和其他医师相同，或者根本没有采取任何治疗措施，他们也会恢复得更快。如果病人相信药片有用，即便没有任何有效成分，他们也会觉得药片起作用了，这就是安慰剂效应。如果学生认为老师有真材实料，他们会学得认真，甚至取得更好的成绩。反之，学生若是认为老师没有能力，则成绩会明显退步。

随着被感知的能力提高，人们真正的能力也会提高。因为为了符合自己带给他人的印象（被认为有能力），人们的处事方式往往会受到积极的影响。被贴上某种标签的经历，我们应该都有过。如果一个人被贴上搞笑的标签，只要他一开口，人们的第一反应就是他在讲笑话。哪怕他在一本正经地说话，朋友和熟人也会觉得好笑，毕竟他搞笑的形象太深入人心了。如果一个人被贴上奇怪的标签，受到怪人般的对待，那他可能有一天真的会变成怪人。

因此，自我实现预言的作用有好有坏。只要一个人表现出有能力，别人就会给他更多展示机会，他就会越来越接近有能力的“标签”，直到真我和设定重合。但如果他选择了错误的技巧，削弱了自身被感知的能力，就会出现相反的结果：一个人表现出的能力与实际能力南辕北辙，以至于不能自由施展才华，结果会越来越糟糕。有趣的是，当你有效地使用提高被感知的能力的技巧时，别人不会认为你使用了任何技巧。只有正确的技巧才能帮助你展现自己的能力。

## 高调出场是为了精准掌控

你是否有过做重要报告的经历？如果有，在做报告之前，你一定不会只考虑演讲内容，你还会思考应该用什么样的语调、穿什么衣服及怎样出场等。职场中的人应该在每次交流中都保持谨慎，因为每次互动都是一次展示机会，会影响自己的形象。

欣慰的是，别人如何看待你，大部分是你可以控制的。你不仅应该在做报告、写简历或面试的时候展示自己的能力，而且应该随时随地对此加以利用，进行有效的自我公关 。被感知的能力赋予你力量，让你可以说服、影响并领导他人，整个团队都会信任看起来最有能力的人。

下文是我多年研究心理现象后做出的总结，使用与这些现象相关的技巧，你可以将能力有效地向外界展示，并让他人心悦诚服。

掌控期望值，了解联想的力量，正确设置能力框架，利用语言和非语言工具，认识好感度、吸引力及身份地位的重要性，大部分技巧你都可以直接使用，还有一些需要事先练习，但没有任何一种技巧需要你改变自己的个性，真实可信比能力高更重要。

哪怕你只发现了自己一两处闪光点，这些闪光点也能使你在客户、同事及上级面前提高自己被感知的能力。在会议、演讲和重要的私人会谈中，你将展现出更高的能力并使他人信服。与此同时，你的眼光将更犀利，可以准确判断他人的能力。不管你的职位是管理者还是其他，你所在的公司也会由此获利，因为客户更愿意相信他们认为有能力的人。

事实上，员工被感知的能力对企业的名声和成功有直接的影响，因此，企业应该对此给予重视。

我们再看一下约书亚·贝尔那个令人不可思议的、让吉恩·温加滕获得了普利策特写新闻奖的故事。有一点我还没提到，一位行人在没认出贝尔的情况下辨认出了他的才能，这位行人叫约翰·皮卡雷洛（John Picarello），年少时，他曾幻想成为一名小提琴家。他说："这是一位杰出的小提琴家。我从来没有听过这样的演奏……这是一种享受，是一次无与伦比的体验，演奏者是让人震惊的当代巨星。"观看这次实验的录像，我们可以发现皮卡雷洛在贝尔面前久久伫立，不断地以难以置信的表情环顾四周，因为没有其他人在经过的时候发现这个天才。

用最有效的技巧，展示自己的能力并让人信服。你不必是约书亚·贝尔，就可以让 1 097 名路人愿意为你驻足！

TWO

UBER ZEUGT!

反低调

第2章

# 高调，是因为有资本

有能力的人总是信心满满，有能力的人总是对结果做出最有力的保证，有能力的人不会低调到被忽视。

想要赢得他人的全面信赖，你就要掩饰好自己的迟疑，因为人们有猛兽般的觉察力，在你尚未开口前，就能嗅到你最细微的不自信。如果你看起来像个失败者，就会被当作失败者对待，因为表现的好与坏没有绝对标准。

## 比尔·盖茨：如何赢得更多机会

1977 年的一天，米利亚姆·鲁伯斯（Miriam Lubows）在美国新墨西哥州的阿尔布开克市（Albuquerque）迎来了新工作的第一天。这个新公司给她留下了不同寻常的第一印象。这一天，米利亚姆一直没有见到老板，她只看到一个穿着牛仔裤和运动鞋，顶着鸡窝头的年轻人踏进了公司的大门。他先是往老板办公室的方向走去，然后他没有和米利亚姆说一句话，就径直走进了公司最重要的地方——计算机房。紧张不安的米利亚姆赶紧跑到另外一个部门求救："这里有个毛头小子横冲直撞，当公司是他开的一样，该怎么办？""这个嘛……"一个同事回答到，"公司真是他开的，他就是老板。"

米利亚姆就职的公司是微软（Microsoft），而她口中的"毛头小子”就是比尔·盖茨（Bill Gates）。当年，微软的业绩良好，盖茨把公司搬到西雅图，因为那里发展潜力巨大。3 年后，微软迎来了改变命运的大客户。时任微软经理的史蒂夫·鲍尔默（Steve Ballmer）甚至将贵客的大驾光临形容为“就像女王亲临茶话会，就像教皇向你咨询意见，就像上帝登门拜访”。

鲍尔默口中的贵客，就是计算机行业巨头 IBM 的经理们。当时，微软虽称不上历史悠久，但绝对算是雄心勃勃。它立志让每个家庭、每个人的桌上都有一台个人电脑（Personal Computer）。虽然在比尔·盖茨创办微软之前，计算机行业的先锋人物肯·奥尔森（Ken Olson）就曾总结说“人们没有理由在家里放一台电脑”但风向说变就变，而 IBM 的市场嗅觉最为灵敏。

IBM 决定制作个人电脑，它已经有了硬件系统，但还需要一个软件操作系统。当时，加里·基尔代尔（Gary Kildall）凭借其 CP/M 操作系统，成为了当之无愧的市场领导者。该系统的销量相当可观，卖出了近 60 万份。虽然基尔代尔是该行业的先驱人物，可谓前途无限，但比起商人的身份，他更像个怪胎。比如，他把公司命名为“星系数字研究公司”（Intergalactic Digital Research Inc.），在妻子的恳求下，他才把“星系”这个词从公司名里移除。

然而，由于种种原因，IBM 的经理们并没有选择基尔代尔，他们决定见一见盖茨。而盖茨，一开始就让他们印象深刻。“我们站在公司门口，”时任 IBM 经理的杰克・萨姆斯（Jack Sams）回忆道，“然后一个穿着随意的年轻人走出来，把我们带到了盖茨先生的办公室。我一开始还以为他就是个端茶倒水的普通员工，没想到他就是比尔・盖茨本人。”为了配合盖茨的“随意”，第二次见面的时候，IBM 的经理们也穿上了牛仔裤和 T 恤，结果这次，盖茨却是西装笔挺。显然，这个年轻人花了心思。最终，盖茨拿下了 IBM 的订单，为他通往世界首富的道路铺下了第一块基石。

24 岁的辍学生比尔・盖茨带着他的小公司奔赴这场比赛，把年近 40 的市场领导者兼行业巨星基尔代尔打得节节败退，其中的原因是什么？是因为他乖乖穿了西装打了领带吗？不尽然。更重要的原因在于，他表现出的个人能力给杰克・萨姆斯等人留下了深刻的印象。他无比自信地保证，会为 IBM 做出一流的操作系统，虽然他当时连个成型的操作系统都没有。

为了不让 IBM 这一单飞走，盖茨找到一名程序员，并让他在数周之内以极低的成本做出了一套操作系统。这个系统以基尔代尔的 CP/M 系统为基础，从今天的法律来看，这完全就是侵权行为，而且它的性能很糟糕。制作新系统的程序员显然对此心知肚明，因此，他把它命名为“QDOS”，也就是速成黑心操作系统（Quick and Dirty Operating System）。盖茨觉得这个名字也不是那么讨厌，就只去掉了最前面的“Q”。于是，DOS 系统或者说 MS-

DOS（Microsoft-DOS）系统就这么诞生了。

这个故事说明，不需要高级的办公场所和铺张的排场，也不需要多大的名气，一样可以让投资人认可你的能力。比尔·盖茨当时尚未开发过任何优秀产品，他在一无所有的情况下就敢夸下海口，然后做其他人也能胜任的事情——聘用可以帮他圆满完成任务的人。其中最关键的是，他明白如何唤醒潜在客户的高期望，然后以最好的姿态和方式面对客户带来的挑战，比如把握分寸，合理化解潜在客户的恐惧心理，以及正确的自我认知。

综合以上几点，我们就能将能力在合作者面前最大化地展示出来。

## 预测越乐观，被感知的能力越高

我们每天都有新的工作任务：销售员要操心业绩，律师要起草起诉书，咨询师要拟定战略等。这些无止尽的任务让我们明白，成果的好坏并不会决定绩效考核的结果，更重要的是自己对成果的预测，或者说对自己期望值的大小。那么，要如何预测自己的工作成果，才能尽可能地让自己的能力被认可呢？

不可否认，谦逊是讨人喜爱的品格。一方面，当我们奉行少许诺多做事（underpromise and overdeliver）的原则，做出比预期更好的成绩时，会让人喜出望外。另一方面，现代社会非常重视准确性，而按照高斯曲线（Gaussian Curve），中立的预期有最高的命中率。因此，为了对自己的成果有准确的预测，我们不应该表现得无比自信，事先就把成果说得天花乱坠，这反而可能让他人觉得我们在吹牛。

那么，我们应该谦逊保守，一开始就将他人对自己的期望值降到最低吗？美国心理学家贝里·斯伦克尔（Barry Schlenker）和马克·里亚利（Mark Leary）想通过实验来解开这个疑问。实验中，测试者被随机分配任务，在做任务之前，他们必须对自己的表现进行预测，跨度从“优秀”到“非常糟糕”一共 5 个等级（表 2.1）。公开预测结果后，观察者再依据成果对测试者的能力进行评价。

表 2.1　能力评价表

| 自我预测＼实际表现 | 优秀 | 良好 | 一般 | 糟糕 | 非常糟糕 |
|---|---|---|---|---|---|
| 优秀 | 8.1 | 7.6 | 5.6 | 4.3 | 4.5 |
| 良好 | 7.9 | 7.6 | 5.9 | 4.5 | 4.3 |
| 一般 | 7.4 | 6.9 | 5.7 | 4.3 | 3.9 |
| 糟糕 | 6.5 | 6.4 | 5.0 | 3.0 | 2.7 |
| 非常糟糕 | 7.0 | 6.5 | 4.8 | 3.0 | 2.7 |

注：表中分值越高，代表观察者认为测试者的能力越强。

从表 2.1 的每一列可以看出：相较于谦逊的测试者，事先对自己有较高期望的测试者会得到更高的评价。最右一列的结果最有意思：按照同样的测试方式，这一列测试者的实际表现都是"非常糟糕"，但得到的评分却在 2.7 到 4.5 之间浮动，分值只与预测有关。这说明，观察者对测试者能力的评价，不仅根据任务实际完成情况，还与他们对自己的预测有关。如果测试者的预测很乐观，哪怕结果糟糕，他们获得的评分仍比准确预测了糟糕结果的测试者的评分高。简单地总结一下实验结果：预测越乐观，被感知的能力越高。

因此，完成一项工作任务前，乐观预测结果很有必要。如果结果与预测相符，自然会显得特别有能力。如果结果与预测相差甚远，至少可以展示自信。无论什么情况，我们都不应该事先把结果预测得太坏。一开始就说丧气话，显然是更没出息的表现。所以，在展现能力之前，对自己的成果有一个乐观的预测是表现自己的最好方式。

## 成为星巴克还是麦当劳

胆怯是最常见的一种心理，我们并非一直在追求自己最喜欢的事物，而是一直在逃避自己害怕的事物。我们害怕遭受损失，在“损失厌恶”的作用下，比起提升愉悦心理，我们更想避免伤痛。所以，降低未知的风险是人类行为的基本原则。当我们做决策时，一定会首先避免出现最糟糕的后果。

本书前言提到的苏格兰哲学家大卫·休谟曾写道：“当一个外星生物突然降临地球时，为了庆祝他重返光明世界，让他感受到快乐，我应该带他去舞会、歌剧院或商场，而不是去挤满病人的医院、罪犯众多的监狱或是遍布尸体的战场，这些地方会让他认为我给他展现了另一种苦难和担忧。”

现在，假设要给自己此刻的幸福感打分，满分为 10 分。那么，什么事情可以让你的幸福感达到满分？是得到一栋小屋，还是获得一份理想的工作，抑或是和初恋走向婚姻的殿堂（当然对方和当年一模一样）？我们清楚地知道这些快乐都不会永恒，所以可能永远不会打出满分。什么事情会让我们的幸福感骤减到 1 分？有人会想到名誉受损、朋友背叛、挚爱离世、失业、疾病、自然灾害、战争等。生活中的坏事总比好事多，这是一个令人悲伤的事实。

在远古时代，几乎每一次的不幸都会使人的生命受到威胁。比如，不幸被树枝绊倒摔断了腿，伤口就可能会感染，甚至造成死亡。因此，我们的祖先必须时刻小心，不能有任何失误。最终，谨慎胆小的人生存了下来。这就是我们胆怯的缘由，继承了这种心理的我们每天都将有趣活成了平淡。

几年前，我去布鲁塞尔拜访老友萨沙（Sasha）。由于他要赶去北大西洋公约组织（North Atlantic Treaty Organization，NATO）就职，于是把我们的会面推迟了1小时。为此，我必须找一个咖啡馆，一边看书一边等他。我有两个选择，要么去一家意大利咖啡馆（我此前从未去过），要么去附近的星巴克。我该怎么选呢?

虽然我不是星巴克的忠实顾客，但我的双腿带我径直走进了星巴克。当萨沙来到星巴克时，他问我为什么不去那家意大利咖啡馆。他说:“意大利咖啡馆有最好的浓缩咖啡，可你为什么会选择世界各地都有，走出家门就能找到的星巴克呢?”我想，这是由于我们的先祖遗传下来的胆怯让我选择了星巴克。我熟悉这里的环境，知道我至少能喝到一杯还不错的咖啡。我没有尝试去寻找我最想要的，而是选择了我最不害怕的。

麦当劳的广告词是“我就喜欢”（I'm lovin'it），但有人真心喜欢吃麦当劳吗? 消费者都很清楚麦当劳的汉堡味道如何，他们选择麦当劳是为了排除糟糕的选项，尽可能地降低风险。麦当劳之父雷·克拉克（Ray Kroc）说，这种心理正是他最初获得成功的原因。他有过一个目标，就是在从大西洋城到萨拉戈萨的所有地方出售“一模一样”的汉堡，或者说将汉堡的生产和供应标准化。

这正是以麦当劳为代表的新兴行业全面腾飞的原因。

贩卖更复杂的产品也可以利用同样的心理。“从来没有人因为购买了 IBM 的产品而被解雇。”这句话在 20 世纪 70 年代广为人知。IBM 打消了客户对不可测因素的胆怯，使他们安心购买自己的产品。这种被称为 FUD 的销售战术臭名昭著，但后来被微软公司使用：微软在其操作系统中故意设定了一些毫无意义的错误提示，这些提示只有在使用其他公司的软件时才会发出警报。因此，微软走向了巅峰。

制作一样的汉堡、咖啡和电脑，这是可能实现的。但对于复杂的服务来说，没有绝对的标准模式。就像伦敦的一家律师事务所绝不可能拟出一份和法兰克福同行完全相同的合约。因此，个人角色在复杂的服务市场尤其重要。例如律师行业，一家律师事务所要想取得客户的信任，律师在面对客户时就必须信心满满、不胆怯。所以，律师事务所的律师、会计事务所的审计员，以及咨询公司的顾问在各自行业占据着重要地位。“行家里手”和“明星人物”就是可以通过私下沟通消除客户担忧的人。

政治家可能是生活中最具影响力的“服务商”，对他们来说，减少恐惧也是重要任务之一。事实上，现任官员有在位者优势，他们经常能在重选中获胜。1964 ~ 2014 年，美国众议院任职人员在任期满后的重选率介于 85% ~ 98%。这 50 年里，几乎每一个参与竞选的在职官员都胜券在握。这其中的原因，当然不是选民们真心狂热地喜爱着这些政治家，而是他们对于陌生的竞选者感到不安。决定这种岗位的人选时，胆怯的心理往往起着决定性作用。如同一个很常见的情形：为了避免未知的问题，哪怕实习生的表现很一般，只要他没有抢劫勒索，一般都会被录用。

为了尽可能地展示能力，首先我们应该不断提醒自己，克服胆怯和恐惧。当我们渴望说服他人时，就应该听从美国市场战略家哈里·贝克威思（Harry Beckwith）的话：“不需要努力成为最好的，而是努力不成为最糟糕的。”这可能听起来没什么作用，却能带来真正的范式转移——不管你想说服谁都有用。如果我们把注意力放在帮助他人克服恐惧上，我们就会自然而然地成为拥有极高自我效能的“推销者”。尤其是对方需要在复杂的环境中做艰难决策时，他们就像一个门外汉，希望把自己的命运交到专家手里。

所以你应该多想想，你的上司、同事和客户到底在担心什么，然后有针对性地去说服他们，以减轻他们的担忧。

当我获得牛津大学刚成立的赛德商学院的面试机会时，想到的面试策略就是不要犯错。我思考了自己的劣势：虽然我曾就读于牛津大学，但当时的专业是哲学，而在那之前，我学的是法律和心理学。也就是说，从简历上看，当时的我与经济学没有任何联系。我推测出自己最大的劣势，即商学院面试官会对录取一个醉心于哲学的人感到担忧。

因此我决定，我至少要看起来像一个“商业精英”。面试时，我下身穿着一条条纹裤子，上身则是蓝色衬衫配西装外套。我一直没忘记面试官见到我时给出的评价：“哎呀，这是来了个哲学家吧，但我认为你会很适合这个地方。”我的策略成功了——哪怕对付的是牛津大学的面试官。

在今后的职业生涯中，如果我们获得了面试机会，那就意味着我们的官方资质已经符合面试官的要求，同时也代表潜在客户已经坐在了我们面前。面试官要选的只是不会犯错的人，因为出错的代价过于庞大。对于企业，偶尔错过一个有能力的应聘者，比雇佣一个无能者要好得多。因此，美国政府在面试时经常使用测谎仪，尽管测谎仪的结果只有 80% 的可信度，但美国政府宁愿错误地拒绝一些高素质的申请者，也不愿录取一些可能带来安全风险的人。

有一次，我去纽约出差，由于待了几周，我需要理发了。我站在一个小小的理发店门前，正犹豫着要不要进去，我担心如果理发师的水平不高，在接下来的几周我将变得没有形象可言。就在这时，我看到店里放着很多证书和奖杯，而它们能证明理发师的水平是值得信赖的。于是，我的担忧一扫而光。

我们害怕的是遇到不靠谱的理发师、税务顾问或者建筑师等，当我们担忧的时候，“很开心您在这里。我知道您现在还不太确定，别担心，我是专业的，交给我。”这样的话更让人安心。做关键决策的时候，我们不会觉得这样的话很狂妄。当我们因后果严重的失误而忧心忡忡时，更会觉得这样的话很悦耳。

当我们想要展示自己的能力并说服他人时，减少不确定因素最为关键。因此，第一步就是考虑自己的劣势，然后为之辩解。

第二步是什么？

## 没有人会拒绝拥有“世界上最好的鞋子”

> 人类最大的才能，就是对新信息的阐释不会打破其现有的结论。
>
> ——沃伦·巴菲特（Warren Buffett）
>
> 伯克希尔·哈撒韦公司主席、首席执行官，行政总裁

上文提到，哪怕实际表现得非常糟糕，乐观的预测总能让他人对我们的能力有更高的评价。对于这样的研究结果，虽然我们如今还不能清楚地解释，但我想先讲证实性偏见（Confirmation Bias）引起的现象。

在一次实验中，测试者需要对一种人工合成的气味进行评价。

其中一组被告知该气味来源于一种特殊制作的法国奶酪，于是该组测试者中许多人表示闻到了浓郁的奶香味，还有几个人说愿意买这种奶酪。另一组被告知该气味来自于更衣室的臭袜子，于是测试者们纷纷发出作呕的声音，甚至有人真的吐了。测试的气味当然是完全一样的，但人们的反应却截然不同。人们都会下意识地偏爱与自己假设相符的感受，所以不同的反应必然是因为证实性偏见。也就是说，人们偏向于相信自己已经确认（或认为自己已经确认）的东西。有趣的是，他们的这种确信通常都是道听途说。

评价他人的时候也会出现证实性偏见。在另一次实验中，其中一组测试者事先被告知虚拟人简（Jane）非常内向；另一组则被告知简非常外向。对于这个虚拟的简的生活，两组测试者得到的信息完全一样。接着，要求测试者验证这些信息是否与他们之前对简的印象相符。结果显示，虽然两组测试者对简的性格假设完全相反，但都进一步确认了他们的假设。

牛津有一条风景如画的街道，叫作特尔街（Turl Street）。在这条街上闲逛的时候，我透过一家手工鞋店的橱窗，发现了一双极其吸引人的鞋子。走进鞋店后，我发现这双鞋子的价格非常贵，于是问鞋匠："这双鞋的标价太贵了，你认为会有人愿意买吗？"不得不承认，我提了个愚蠢的问题，但人们本来就爱问那些在宣传册或网上查不到答案的问题。人们都有这样一种心理：下意识地需要别人来排除自己的恐惧。这位优秀的鞋匠很明显对此种心理十分了解。他看着我，认真地回答道：“因为这是世界上最好的鞋子。”我觉得太好笑了，哪有人这样自卖自夸，但我还是买下了这双“世界上最好的鞋子”。

3 个月后，由于鞋跟坏了，我又一次来到了这家鞋店。我并没有因鞋的质量问题而生气，倒是因自己把大师的杰作穿坏了而有愧于心。

有一天，我发现这双“世界上最好的鞋子”上有条斜缝。我认为这绝对不是粗制滥造的证据，反而代表诚意满满的手工品质，但假设一开始有人告诉我这只是一双廉价的旧鞋，我会觉得它是难看的补丁。尽管我对鞋的质量渐渐产生怀疑，但仍不忍心把它扔掉。如今，我还鬼使神差地相信有了它，我就有了制鞋大师的杰作。我们总以符合自己期望的方式，理解模棱两可的信息，进而确认自己的假设。

虽然这双鞋并没有鞋匠承诺得那么完美，但比起一开始就告诉我这双鞋的种种缺点，他的做法显然更能证明自己的能力。这一结果完全与斯伦克尔和里亚利的研究结论相符，信心比成功更重要，所以，我们会原谅乐观者的失败。

几年前，我曾开过一辆非常引人注目但容易出问题的路虎。每次把车开到修车厂，我还没描述完问题，修车师傅就连连摇头说:“太迟了……这车废了……真的没用了……”我不怪他修不好，因为我自己清楚车的惨状，但最后他还是把它修好了。每次走出修车厂，我都满怀感激，但我并没有因为更好的结果而感到开心。如果一开始，修车师傅能跟我说“不用担心，您 14：00 再来，到时候这车就修好了”这类话，来打消我的焦虑，我会觉得更开心。哪怕他最后没修好，我也能更好地感受到他的能力。

通常情况下，人们都相信别人对自己说的话，也会下意识地担心自己的看法不能被肯定。那么，推荐你使用这种技巧：清楚明白地告诉对方，自己是这个领域的专家，并给对方看你以前的工作记录。这样一来，对方就会相信你，并对这种印象自我确认。当然，不同的国家在这方面存在着文化差异。比如，在中国就不推荐展示性很强的表达方式，而日本则比中国更加保守。这并不意味着无法在这些国家使用这个技巧，而是要根据实际环境对技巧的使用方式和强度做出调整。

如果你无比地相信自己的能力，就可以获得更高的评价。

一次实验中，一名“演员”参与了测试者的讨论。他不仅对测试者非常不礼貌，最后还要求分得最大的共同收益。研究者原以为他的能力会得到测试者的一致差评，但结果完全相反。虽然“演员”的行为粗鲁，甚至观点得不到认同，但他的能力还是得到了很高的评价。

人们更愿意相信那些做出最有力保证的人，而不是把结果说得最准确的人。比如，两位朋友在讨论谁是 1825 年欧洲杯某项体操项目的冠军时，给出了不同答案，但其中一位掏出 100 元赌自己猜得对，你更愿意相信谁?

你也可以用过去的成绩证明你的可信度高。一份研究《福布斯》世界 100 强高科技企业的报告显示，公司早期的成功会让他人印象深刻。许多人被认为可以像过去一样胜任未来的工作，所以一些特别成功的经理人会将自己历年的成果展示出来。我们在面试时也可以这样做，但列出几十页纸那么夸张的做法则毫无必要，你只需直接说出自己过去取得的成绩即可。

通常我们升职，不是因为出色地完成了一次任务，而是因为表现出来的能力。我们总是很快忘记他人说过的话和做过的事，但从不会忘记自己内心的印象。如果我们想向经常面对面交流的人展示自己的能力，那么不管对方是客户还是上级，排除不安因素会很有帮助。当面交流的机会，会让对方下意识地确认对我们的高期望。也就是说，和目标人物交流的时间越长，对方对我们的期望越高。此外，如果我们在被观察时表现得更好，那么，我们被感知的能力和实际的能力也会越来越相符。

还有一个展示自信的理论。

20 世纪 70 年代，唐纳德 · 达顿（Donald Dutton）和阿特 · 阿

伦（Art Aron）两位美国心理学家进行了一次著名的“吊桥实验”：男性测试者在穿过一座大桥时要对遇到的女性做出评价。一组测试者要通过的是普通的桥，而另一组要通过的是架在万丈深渊上的狭长且晃动的吊桥。实验结果表明，通过吊桥的男性对他们遇到的女性的评价更高，甚至想给对方打电话。也就是说，情景能明显影响我们的感受，让我们认为心跳加速、手心冒汗等生理反应是因为我们陷入了爱河。同理，当我们的心跳因为恐惧等原因加速，陷入爱河的概率就会变大。所以，当你和心仪对象约会时，应该避免在安静的林荫小路散步，而去做一些能产生心跳加速等生理反应的活动，比如跳伞或者看恐怖电影。

现在将这个理论运用到能力展示上：如果有人对某位专家的能力深信不疑，那他面对这位专家时，应该会表现出放松和信心满满。因此你最好营造良好的环境，让客户、上级或者同事表现同样的状态，这样更有利于你充分展现自信并让对方认为你能力不凡。

## 泰德·肯尼迪：前“十秒”决定成败

我们对失去的恐惧，就像游泳时对溺水的恐惧。

——杰夫·格劳特（Jeff Grout），招聘专家

——萨拉·佩林（Sarah Palin），阿拉斯加州前州长

人们如何表达真实感觉？有些感觉我们自己都无法感知，更无法传递出去。当自己都不相信自己的能力时，我们当然无法说服他人。

设想我们在参加某场研讨会，被要求面对众人快速回答以下问题中的一个：

◎你究竟有什么能力？

◎你为什么能胜任现在的工作？

◎你最大的工作成果是什么？

◎你帮助公司获得了什么？

我们需要公开作答，并且只有一次机会。

当所有目光都集中在我们身上时，最重要的不是我们的表达内容，而是我们的表现必须流畅。

我们可能很少遇到这些问题，但当面对这些问题时，最直接的反应会对被感知的能力产生影响，这种影响被称为启动效应（Priming Effect）。

一项实验的研究结果令人吃惊。实验中，测试者需要进行难度较大的棋盘问答。一组测试者在作答前有5分钟思考时间，这一组被称为“专家组”。另一组作答前则是在讨论“足球流氓”这个话题，他们被称为“流氓组”。结果“专家组”明显比“流氓组”答出了更多的问题（答题正确率分别是 55.6% 和 42.6%）。这说明短暂地接触一个抽象的想法会对最后的结果产生影响。

多年前，美国前总统约翰・肯尼迪的弟弟泰德・肯尼迪（Ted Kennedy）参与美国总统竞选。当时，一名电视台记者向他提出了一个非常简单的问题：“你为什么要竞选总统？”泰德思考了 10 秒钟才作答，这 10 秒显得无比漫长，被视为泰德竞选失败的开端。

英格兰足球队前队员大卫・普拉特（David Platt）在重要比赛前会看自己精彩进球的视频，其目的就是产生启动效应。职业运动员经常要承受巨大的压力，比如在数百位观众的注视下罚出关键一球。为了在点球大战这种关键时刻发挥最佳水平，他们要掌握一些消除不自信的特殊技巧。这些技巧在商业谈判、面试和销售会谈等场合，也能帮助我们将所有的不自信都驱散。就像奥运冠军萨莉・冈内尔（Sally Gunnell）所说的，“它们能决定你拿银牌还是金牌。”

与学位申请人面谈时，我会问他们，为什么选择在牛津大学学习管理。很少有人可以快速回答这个简单的问题，而他们的迟疑毁掉了我对他们的好印象。

在职场，如果我们没有由内而发的自信，一旦领导对我们的能力产生怀疑，他就会大声训斥并有意做出针对我们的行为。所以，启动效应会影响公司氛围，甚至影响所有员工。启动效应在日常生活中也发挥着作用。我们经常会被问一些问题，遇到这种情况，我们需要有意识地事先准备这些问题的答案并记下来，这样一来，在重要场合面对这些问题时，我们就能对答如流，并显得更自信。

## 不要让谦逊毁了你

> 作为一个上了年纪的人，我经历了一些确实发生过的骇人的事情。
>
> ——马克·吐温（Mark Twain）
>
> 19世纪美国作家、演说家

上一节说的是不是太夸张了？我们真的完全不用怀疑自己？真要如此狂妄？谦逊的品质不再是正确且值得称赞的了吗？谦逊的人最终不会得到最高的尊敬吗？

假设你在滑雪时意外骨折，被送到某家医院，值班的医生是个和善的小伙子，他告诉你："我不是世界上最好的外科医生，但我会努力治疗你的。"听到这样的谦辞，你会感到高兴吗？你一定会觉得受到了骨折和不能接受良好治疗的双重打击，想抓紧轮椅以最快的速度偷偷溜走。

他很可能是一名优秀的外科医生，只是太谦逊了。他的生活原则是尽可能少许诺多做事，但你会觉得他很有能力吗？你会喜欢他的谦逊吗？即便手术成功，你难道不会想，如果遇到另一位医生可能会更好？当你遇到意外需要治疗时，你想要的是自信的专业人士，希望他保证你会得到最好的治疗，他是你的最佳选择。

同样，对于客户、上级和同事，他们想要把任务交给有自信完成挑战的人，而不是谦逊的人。他们不会选择让自己更加焦虑的人，这完全与最终结果的好坏无关。

证实性偏见在这里发挥了消极作用。我们相信他人说的话，并喜欢下意识地确认自己的预期。如果他人表现出谦逊，我们就会对他的不自信信以为真，并且不会再改变这种先入为主的印象。他因此被认为是无能者，甚至他的每个行为都会被视为是无能的表现。

谦逊是最常见的自我毁灭方式。比如，一位被高薪聘用的经理或者专家开玩笑说自己没什么能力，一名审计师开玩笑说其实自己一点也不喜欢数字。我们听了可能会笑一笑，然后暗自决定不与他们合作。这种玩笑完全毁了他们的形象，降低了我们对他们能力的评价。因此，就像英国学者托马斯·富勒（Thomas Fuller）所说的，“宁愿放弃廉价的幽默也不要丢掉一位顾客。”

虽然在西方社会的私人场合，谦逊是非常讨喜的品质，但是，这不代表它在世界各地都这么受欢迎，比如印度人就习惯自我表扬。但不管在哪儿，职场上都应该避免谦逊。在我的研讨课上，美国和亚洲的参与者普遍对此表示认同，但欧洲的参与者，尤其是来自英国和德国的参与者对此将信将疑。他们很多人都认为，主动表达自信对自己的形象有负面影响，会降低他人对自己能力的评价。然而这个观点大错特错，谦逊只会引起他人的不安和胆怯。

谦逊是在给可能出现的失败找借口，往往被认为是不好的动机。而且谦逊者难免遭受质疑：如果知道自己能力不够，为什么要接受这个任务？我们总是听到，演讲者的开场白是为自己没有好好准备而道歉。听众不仅会认为这是不尊重他们的行为，而且还会责问："演讲者明明知道要演讲，为什么没有提前准备好？"通过这个事例，我们就不会奇怪为什么谦逊会招致厌恶了。

谦逊在任何情况下都是不好的品质吗？谦逊的人应该被批评吗？凡事都有例外。如果一开始就知道自己会失败，那你一定要表现出谦逊，不要想着欺骗对方，否则接二连三的失败会让你的信誉荡然无存。

如果无论如何你都不能改变谦逊的性格，你也有利用这个性格的机会。市场战略家哈里·贝克威思做过一次实验，将两份类似的应聘资料寄给不同的公司。寄件人是两位虚拟的应聘者，名字分别是大卫和约翰。他们的应聘资料的区别只有一句话，约翰的推荐信中写道:“在团队合作中，约翰可能会表现不佳。”大卫的推荐信则没有这句话。最终，这个小小的负面评语让约翰的应聘资料显得更真实可信，他获得了更多的面试机会。

提出一个小毛病，这种谦逊的表达会让人觉得更可信，由此提高他人对我们能力的评价。使用这个方法时，要确定谦逊的措辞与我们表现出的优势比起来，必须是无伤大雅的，绝对不能影响我们的核心能力。

比如“我对乒乓球一窍不通”或者“我谎话说得很烂”这种谦逊的表达反而会显得更可信，但“我数学一直不好”这种表达，虽然不会直接对我们的工作产生负面作用，但象征能力不高。普林斯顿大学心理学家爱德华·埃尔斯沃思·琼斯（Edward Ellsworth Jones）一语中的:“表达谦逊的时候,应该给人的感受是，能坦然接受自己的弱点，且这些弱点和自己的优势对比可以忽略不计。”

总体来说，预测时表现得谦逊，以及说一些让他人对我们能力产生怀疑的玩笑话都毫无意义。这样做不仅会让我们显得无能，而且很不讨喜。谦逊在职场上并不可贵，只会让人联想到不自信。如果你无论如何都想保留一点谦逊，那么一定要确保它不会影响自己的核心能力。简单地说：谦逊至多只是个小装饰，可有可无。

## 掌控期望值

大胆地表扬自己吧！有些话肯定能站住脚。

——弗朗西斯·培根（Francis Bacon）

唯物主义哲学家、思想家，科学家

管理学家及畅销书作家吉姆·柯林斯（Jim Collins）曾说："遇到大变动时，只有那些低调的、处事不惊的勤奋领导者才能游刃有余。"这句话与本章内容完全背道而驰。那么，究竟谁的观点正确？

经济专家汤姆·彼得斯（Tom Peters）给出了一张包括毕加索（Picasso）、莫扎特（Mozart）、林肯（Lincoln）、丘吉尔（Churchill）、撒切尔（Thatcher）夫人、卡耐基（Carnegie）、洛克菲勒（Rockefeller）、亨利·福特（Henry Ford）、杰克·韦尔奇（Jack Welch）、乔布斯（Jobs）等名人的列表。考虑到彼得斯列表涉及的领域之广，它可以一直扩大，加入拿破仑（Napoleone）、贝多芬（Beethoven）、尼采（Nietzsche）等。尼采的作品中有这样一些标题："我为什么这么聪明""我为什么能写出如此优秀的书"，其表达如此夸张，简直可以称之为自恋。尼采对自身的才华或者臆想出来的才华深信不疑，并因此大获成功。那么，有没有一张同等分量的谦逊名人列表呢？除了甘地（Gandhi）和特蕾莎（Teresa）修女，我完全想不到其他人。让我举一个更熟悉的例子吧！参加了美国总统竞选的唐纳德·特朗普（Donald Trump），只是展示了对自己能力的自信，便成功当选第 45 任总统。

那么，我们应该如何通过有效的"期望管理"来表现自己的能力呢？

消除他人的不安，我们就会得到丰厚的回报。我们应该展现对自己能力的信心，并用成果来保证，使对方相信我们，并下意识地主动证实他的假设。关键时刻，我们应该把注意力放在自己的优势上，以产生启动效应。在对待自己的核心能力时，我们绝对不能谦逊，这样一来，即便失败了，我们还是会显得更有能力。

再次回到比尔·盖茨的例子：他在没有开发过操作系统的情况下，就让 IBM 相信了自己的实力，然后借用他人的工作成果，登上了市场领导者的位置。这个行业的开创者加里·基尔代尔后来怎么样了？美国《商业周刊》（*Businessweek*）曾经评价他是"可能成为比尔·盖茨的人"，但到了 20 世纪 80 年代末，他变得有些压抑和消沉，经常借酒消愁，最终在年仅 52 岁时凄凉离世。与此相反，比尔·盖茨在这几十年里影响了整个人类的思维和工作方式。他在成为世界首富后，又变成了最慷慨的慈善家。

我们要向比尔·盖茨学习，在工作中展现自信，虽然这不会让我们立刻变成地球上最富有的人，但可以让我们取得更好的工作成果。

## 能力展示TIPS

◎ 减少恐惧：消除对自己不利的印象；

◎ 展示对自己能力以及工作的信心；

◎ 利用启动效应；

◎ 在核心能力上绝不能谦逊。

3

THREE

UBERZEUGT!

反低调

第3章

# 第一印象效应

歌德曾经说过："人们见到的，正是他们知道的。"一旦人们了解了光环效应，就能不着痕迹地影响他人对自己的评价了。

我们的生活，10%取决于发生的事，90%取决于我们对这些事情的反应。

## 联想的力量

是，是，否，否，是，否，是，是，否，否。

不要数，请凭直觉说出上面出现的“是”和“否”哪个更多？

还记得关于麦肯锡与 AT&T 公司的故事吗？尽管出了严重的咨询事故，但麦肯锡的名声并没有因此受损。负面的事件原本应该让麦肯锡陷入困境，可为什么它在犯了明显的错误后还是显得很有实力？一般来说，负面的消息会比正面的给人更深的印象，因为它与社会期待背道而驰，那么在这种情况下，如何处理负面印象便格外重要。

在法兰克福国际汽车展上，我看到漂亮的模特站在车旁，汽车广告上也经常有模特坐在引擎盖上。难道年轻漂亮的模特都是汽车发烧友？这当然不可能。那么，为什么几十年来的汽车广告都是这样？

事实上，这是因为看到这样的汽车广告，我们可以想象一个模特开着汽车的美妙画面，汽车仿佛因此变得更美、更快、更出色。这就是联想的力量，心理学上称之为光环效应 。当然，这种效应是双面的。

由名人代言的商品会得到更高的评价，但如果该名人的名声突然变坏，比如他被卷入一场丑闻，那么这种商品的负面评价也会随之增多。那时，生产商就会立即停止与该名人合作。在汽车行业，研究表明厂商喜欢提出“概念车”（Halo Cars），因为这些概念车型的设计让人激动，功能极富创造性，即使它们不会被投入生产，也能反映出整个品牌的形象。

那么，为什么知名品牌拉尔夫・劳伦（Ralph Lauren）和乔治・阿玛尼（Giorgio Armani）要在顶级商业街开设富丽堂皇的超大旗舰店呢？这与他们在纽约时装周展出只有极少数人会购买的高级时装的理由一样，为了将品牌与繁华街道，以及流光溢彩的时装展览建立联系。一想到花上几欧元就能享受到品牌的光芒，无数的消费者就会购买拥有这些品牌标志的香水、廉价 T 恤等。

让我们回到最初的问题：如何最大化现有成果带来的好处？如何尽可能地消除失败造成的负面影响？联想的力量是无穷的，我们感兴趣的是如何利用这些力量提高他人对我们能力的评价。

## 像乔布斯一样演讲

> 如果他人看到你做某件事，就更容易相信这件事的成果与你的努力有关。
>
> ——纳西姆·尼古拉斯·塔勒布
>
> 《随机致富的傻瓜》《黑天鹅》作者

就像信差和消息产生联系，汽车和漂亮的模特产生联系，当有一个好消息时，无论我们与好消息的内容有没有关系，也应该努力使自己和好消息产生联系。联系得越紧密，我们就越能更好地展现自己。

有人说，只有现场出席才能崭露头角，意思是比起打电话或写邮件，我们应该尽可能地面对面宣布好消息。如果在开会的时候宣布好消息，应该先起立，来一段简短的开场白，然后走到会场中间宣布。同时，宣布消息的时间也应该尽量拖长，尽可能久地让大家看到你，这会增加你与这个好消息的联系。你也可以把好消息分成几个部分，并反复提及。

同样，我们和朋友一起制作礼物送人，如果参与制作的人在送礼物时没有出现，就根本无法与这个礼物产生联系，而没有参与制作的人如果在送礼物时恰好在场，会比参与制作却不在场的人与礼物有更强的联系。送礼物的人总是与礼物关联最紧密。

为了展示团队的成果，我们也要亲自做报告。大声夸奖团队时，我们往往更能展现自己及自身的能力。最为重要的是，我们应该一直站在聚光灯下，使他人把成果与我们联系得更紧密。

以歌剧院表演为例：如果一名演员站在聚光灯下，舞台背景和其他演员都不会分散观众的注意力，这名演员就是所有观众唯一的焦点。因此，观众会将演出的成功最大限度地归功于这名演员。同理，在演讲时，我们也应该想办法让整个会议室都被照亮，这样大家虽然可能看不清幻灯片，但能更好地看见演讲人。好的打光还有两个积极作用：一方面，通过它的帮助，人们在回忆成果时更容易想起聚光灯下的人；另一方面，站在聚光灯下的人比其他人更容易被视为领导者。

移动身体也可以集中大家的注意力，因此，向他人宣布好消息时，我们一定不能呆呆地站着，要加上手势，并充满激情，这样大家才会注意到你的能力。

没有人能像苹果公司的创始人乔布斯一样，把所有的这些技巧在现实中应用得淋漓尽致。

观看乔布斯的经典演讲，我们发现他在阐述新产品的优势时，会在台上慢慢走动，并时不时挥舞双手，而且他永远站在聚光灯下，成为唯一焦点。

## 学会道歉，过失也会成为机遇

宣布了坏消息的领导者不会因此跌下王座。

——迈克尔·马斯特森（Michael Masterson）

《财富流》（*Automatic Wealth*）作者

古波斯时期，宣布战争结果的信使如果带来了胜利的消息，他会被当作英雄；但如果带来了失败的消息，他将被处以死刑。在这两种情况中，其实信使与战争结果没有任何关系，光环效应导致信使被坏消息牵连，就像气象播报员常常因天气不好而被怪罪。

宣布坏消息的时候，我们不能粗心大意，要避免出现对自己不利的情况。

假设我走进一家餐厅，点了火鸡胸沙拉，服务员遗憾地说，很抱歉，现在只有鸡胸肉。她这种无能为力的表现会让我对她的服务及这家餐厅都没有好印象，我会毫不犹豫地决定换一家餐厅。但如果她热情推荐新鲜鸡胸肉制作的沙拉，我的感觉就会完全不同，遗憾也会变成意外惊喜，这就是框架效应（Framing Effects）。道理虽然简单，但很少有人这样做。大多数情况下，事情的好坏取决于我们怎么表述它，不同的表达方式会产生不同的效果，正确表述一件事情非常重要。不要说“很遗憾，早餐只剩面包了”，要说“早餐提供面包”；不要说“很遗憾，新型号要等到 11 月才有”，要说“11 月就会推出新型号”。

19 世纪末，鞋业集团 Bata 派一名销售员去调查鞋子在非洲市场的销售增长机会。已经去调查过的同事曾沮丧地说，鞋子在非洲没有市场，因为大部分非洲人都不穿鞋。但是，这名销售员从非洲回来后，认为鞋子在非洲的需求应该非常大，会供不应求。所以，他机智地告诉公司：“这里的人都光着脚，有极大的市场潜力！”

害怕犯错是否阻挠你做决策？完全杜绝错误的发生是很难的，即便犯了无法挽回的错误，我们也可以抱有乐观心态。例如，发出写错了日期的邮件，我们可以再写一封主题为“修订上封邮件”的新邮件，还可以借此跟进邮件有没有被收件人查收。

你是否意识到有时尽管结果没有达到期望，人们也会心存感激？当一个人总是对我们展露自信的笑容时，我们就会产生他很自信的印象。当我们对一个人有好感时，就会对他的表现有更高的评价。所以，最关键的不是消息的好坏，而是我们如何处理。宣布坏消息前，请反复思考，如何表达才能让这个消息听起来不那么糟糕，甚至听起来像一个好消息。

当然，也有一些彻彻底底的坏消息，我们无法把它们变成好消息。比如，让客户支付额外款项，但不提供新增的服务；负责公司一个非常重要的投标项目，却没有中标；弄丢了一个装有绝密信息的文件袋。处理这种坏消息时，我们必须避免与它们产生联系。我们应该让助手、团队成员或者通过电话和邮件来宣布坏消息，而不是自己当面宣布，这样一来，便能淡化坏消息与我们之间的联系。

2004年，壳牌被爆出虚报40亿桶石油储量的丑闻。事发后，原董事长菲利浦·沃茨（Philip Watts）几乎失联，他不再出现在公开场合，也不对外发声。被询问时，他也只是回应自己对这个事情毫不知情，没办法对问题负责。几周后，他便被迫离职。这说明，出现严重问题时，领导团队绝对不能避而不见。能否解决问题不是重点，重点是应该勇敢面对。光环效应不会同情你的处境，负面的消息会直接波及你。

为了减弱光环效应，处理坏消息的方法应该与处理好消息的方法相反，即表现得越不起眼越好。我们应该避免身体的移动或者其他可能吸引注意力的动作，避免处于最中心的位置和聚光灯下。必须在公开场合宣布坏消息时，不要使大家的目光集中在我们身上。

2009年6月1日，时任法国航空公司CEO的皮埃尔·亨利·古尔容（Pierre-Henri Gourgeon）召开了发布会，宣布了一个令人震惊的坏消息：法国航空公司AF447客机在从里约热内卢飞往巴黎的途中坠毁，228名乘客无一生还，这绝对是无法掩饰的坏消息。

与古尔容做精彩年度报告的会场不同，空难发布会现场看不到任何法航标志，也没有聚光灯，只有媒体围在古尔容周围。也就是说，宣布坏消息时应该依据情况，选择不出席或处于不显眼的位置，这样人们才更可能将失败归因于外部环境，而不是你能力的缺乏。

宣布坏消息也有积极的一面：为明显的错误道歉的人更容易赢得好感。情绪在这个时候起到了决定性作用，那么，承认错误时应该向外界传递什么情绪？

一次实验中，一名医生宣布了一个坏消息，并表现出羞愧，这让他人认为他对糟糕的结果负有责任。羞愧对被感知的能力有负面影响，它不能使我们和控制权联系起来，反而让他人觉得我们在怀疑自己。看起来完全没有控制权的人，通常都会被视为没有能力。因此，传递羞愧的情绪是不明智的。

另一次实验中，一位对自己的错误表现出愤怒的男性比另一位没什么情绪的测试者显得更有能力。愤怒的情绪让人认为，应该对结果负责的不是说话的人，而是预料之外、超出控制范围的不利环境。有研究发现，用愤怒的情绪宣布自己的失误，会比用悲痛的情绪显得更有能力。愤怒不同于悲痛，悲痛反映出自己是受害者，而愤怒反映出的是自信、果断和坚持，对被感知的能力有积极影响。但是，这个实验结论并不是对所有情况都适用。如果让实习生来完成这个实验，不管他们表现出愤怒还是没有情绪，都不会影响他人对他们能力的评价。如果女性测试者在实验中表现出愤怒，甚至还会降低他人对她能力的评价。

总体来说，我们无论如何都要避免羞愧和悲痛情绪，除了地位较高的男性，其他人尽量不要表现出愤怒的情绪。

那么，宣布坏消息用什么措辞最理想呢？事实上，这种时候没有任何技巧可以使用，我们只能参考公关公司的危机沟通方式：及时将问题一五一十地说清楚。尽早说清楚每一个可能被批评的问题，避免片刻的延迟和犹豫，这样一来，对手便无话可说，并且显得我们更可信。一项研究显示，公布坏消息时把问题说清楚会显得更有能力，粉饰显而易见的糟糕结果反而会降低被感知的能力。此外，我们要在承认错误后尽快扭转局势，耽误的每一秒都会为自己带来不利影响。也就是说，我们要立刻变成乐观主义者。宣布坏消息后，我们应该说明从过去的事件中自己学到了什么，并且强调一切都会迅速好转，然后尽可能久地详细解释这些好的方面。如此一来，又会产生光环效应，将我们与好的方面联系起来。

多年前，通用汽车公司（General Motors Corporation，GM）经历了一场大事件：由于没有正确安装烟灰盒的盖子，一辆凯迪拉克的仪表盘着火了。通用汽车公司的发言人立刻作为嘉宾参加了美国最受欢迎的电视节目《早安美国》（*Good Morning America*）。在节目中，他先用很短的时间，以公司发言人的名义承担了全部责任，承认了所有过失。然后，他用很长的时间，讲述了公司在这次事件中总结出的经验，以及对新的开发项目的规划。虽然发生了这样的事件，但节目的最后，观众对他个人及通用汽车公司都产生了极好的印象。

另一个事件发生在 2007 年情人节那天，一场灾难性的冰雹袭击了捷蓝航空公司的基地——纽约市肯尼迪国际机场。机场的跑道结冰，造成了多趟航班延误，数百名乘客被困在机舱，时间最长达 9 小时。继旅客滞留机舱数小时事件后，捷蓝航空又取消了 6 天之内的 1 000 多趟航班。捷蓝航空面临着从未经历过的口诛笔伐。于是，其创始人大卫・尼尔曼（David Neeleman）马不停蹄地参加了多个电台和电视节目。每次在不加修饰地真诚道歉后，他总是把话题转到公司在最短时间内编写并已付诸实践的处理方案上。结果让人欣慰，事件过后，捷蓝航空的受欢迎程度没有受到任何影响。及时承认错误，然后尽快表现出乐观的心态，这种技巧也许在真正的灾难面前无济于事，但它在处理推迟产品上市或发错邮件的情况下可以起到作用。

沟通顾问苏珊娜・贝茨（Suzanne Bates）一语中的:“坏消息本来只是坏消息，但如果你知道如何处理它，它也可以变成好消息。处理好一个重大事故甚至可以使一个企业的对外形象变得更好。如果你在危急时刻挡在最前面，大众就会对你印象深刻。把这些时刻当作展示领导才能的机会，改变原本的态度，就可以在高压下坚持到最后。”

## “20理论”

无论是与客户或领导会面，还是在会议上做报告，我们经常要宣布一系列消息，其中有好的也有坏的，那么，应该以什么顺序宣布呢?

1946 年有一个经典的实验。测试者首先得到了一张陌生人 X 的性格关键词列表，然后，他们需要评价 X 的性格特征。列表有两种：第一种，包括聪明、勤奋、冲动、毒舌、顽固、善妒。第二种，包括善妒、顽固、毒舌、冲动、勤奋、聪明。两种列表的内容一模一样，唯一的区别只是关键词的排列顺序不同。实验结果是：拿到第一种列表的测试者对 X 的性格持正面评价，而拿到第二种列表的测试者对 X 的性格持负面评价。他们对 X 的性格评价完全取决于列表的关键词，仅因顺序不同，评价就天差地别。

现在我们就知道本章最开始的那一行“是”与“否”的意义了。尽管“是”和“否”出现的次数一样，但大部分人认为“是”出现的次数更多，因为那一行字是以“是”开头的，这就是首因效应。

首先出现的词最关键，因为接下来的词不是被分开来看的，而是结合前文来理解的。关于陌生人 X 的实验中，拿到第一种列表的测试者都将后面的形容词与“聪明”联系起来理解，比如“聪明但毒舌”，这会使负面的形容词变好。拿到第二种列表的测试者都将后面的形容词与“善妒”联系起来理解，比如“善妒但聪明”，使“聪明”这个正面的词都变得负面。

我们都根据第一印象来刻画一个“人物”，并且第一印象会影响往后的印象，这与光环效应相符。哲学家卡尔·波普尔（Karl Popper）在他的“探照灯理论”中也提到了这一点：我们都沿着现有的印象来观察世界。在关于确认高期望值的章节中，我们已经了解了类似的理论，人们在获得第一印象后，就会想确认这个印象。因此，一部分与第一印象不符的行为会被忽略，一部分意味不明的行为会以符合第一印象的方式被阐释。

如果我们对一个人的第一印象是机智，即使后来听到了他不那么机智的发言，我们也只是有点吃惊，并不会抛弃对他原有的第一印象。我们甚至想找一些理由来为他辩解，比如，他只是因为沉浸在思考中而分了心。只有在多次出现问题后，我们才会改变对他的评价。实际上，30 秒内做出的评价与 5 分钟内做出的评价没有区别，哪怕 5 分钟可以获得更多信息。即便我们有真正的识人之明，在这种情况下也不起作用。在真正认识一个人之前，我们其实已经通过他人的描述、他的自我介绍或其他途径对他做出了评价，虽然评价可能不准确，但难以改变。

众所周知，第一印象极其重要，因此，第一次接触的时候，我们就应该注意他人对我们能力的评价。如果让一名知道如何调配鸡蛋和牛奶的厨师做鸡蛋煎饼，那么他做出来的鸡蛋煎饼的味道会更好。同理，我们明白了首因效应后面的心理机制后，就能更有效地利用它了。

曾任大众汽车公司经理的丹尼尔·格乌德弗特（Daniel Goeudevert）在还是一名年轻的销售员时，就已经发现了“20 理论”：前 20 秒，前 20 个字，前 20 步，最开始的“20”始终是我们给对方留下好印象的关键。如果没有在最初的“20”留下好印象，一切都无法弥补。这个理论成为丹尼尔职业生涯腾飞的关键。

美国心理学家罗伯特·西奥迪尼（Robert Cialdini）对丹尼尔的理论非常感兴趣，所以他到丹尼尔工作的汽车店应聘，以便暗中观察和研究。他观察到：销售员首先向顾客承诺了一个无比优惠的价格，顾客因此同意试驾。在顾客已经决定购买时，销售员称价格弄错了，实际这辆车并没有价格优势，但顾客还是决定买下它，因为他已经对这辆车有了美好的第一印象。这种低价揽客的销售技巧就是利用了第一印象，先向顾客描述商品的优点，直到顾客决定买下它后，才开始说缺点。由于首因效应，这些缺点就显得不那么重要了，能被顾客接受。不明智的做法是在潜在顾客接触商品之前，就把商品的缺陷说得一清二楚，给顾客留下糟糕的第一印象。

回到最初的问题：如果既有好消息也有坏消息，首先应该宣布哪个？答案很明确：首先要宣布好消息，给大家一个好印象，然后再宣布坏消息，这样坏消息的影响力会弱一些。当然，在宣布好消息的时候不要让他人觉察到后面还有坏消息。可是，最终印象难道不比第一印象更重要吗？事实绝非如此，第一印象对后面发生的所有事情和说法都有影响。如同文章的标题较之于结束语的字体会更大，第一印象比最终印象更有分量。

如果我们要卖一套房子，我们要先向看房者展示最漂亮的房间，然后是房子的其他部分，最后以第二好看的房间作为完美收官，结束看房之旅，这就是近因效应。如果我们反其道而行之，先带看房者参观规划得一塌糊涂的房间，把最好的房间放到最后，那只会给看房者留下糟糕的印象。

如果我们想说服他人，就应该以最有力的论点做开场白，并以第二有力的论点收尾。结束论点可以比其他的论点复杂，毕竟对方这时候有足够的时间去思考。同理，宣布好消息和坏消息时，我们应该以好消息开场，然后宣布坏消息，最终以第二好的消息收尾。

## 第一印象 vs 最终印象

对于服务商来说，给客户留下一个坏印象比留下好印象容易得多。服务不像一般的商品，好的品质或是精美的外观就能使客户满意。客户只有在遇到问题又不得不解决的情况下，才会注意到服务的存在，服务大多不是生活快乐的源泉。为了改变这种糟糕的不对称性，服务商必须尽可能地让他的成功深入人心，让他的失败不被人注意，这样才能给客户一种享受顶级服务的感觉。

根据光环效应和首因效应，第一印象至关重要，一个积极的开场白可以使后面的问题都显得不那么严重，所以永远要以好消息开场。根据近因效应，最后宣布的消息较中间宣布的消息给人印象更深，所以应以第二好的消息收尾。

## 能力展示 TIPS

- ◎ 宣布好消息之前让自己成为焦点；
- ◎ 低调处理坏消息，然后承认错误，聚焦积极面；
- ◎ 利用首因效应，以好消息开场，然后再说坏消息；
- ◎ 利用近因效应，以第二好的消息收尾。

FOUR

UBER ZEUGT!

# 第4章 换个角度看天分

“天才”不是天生有才华的人，而是训练的产物。杰出也不是一种天赋，而是一种技巧。这种技巧，你我都可以掌握。

聪明又勤奋——不存在；

聪明但懒惰——正是本人；

愚蠢又懒惰——交际手段；

愚蠢但勤奋——绝不要这样。

## 破解“哈佛天才的秘密”

传说哈佛有一位名叫菲茨威廉（Fitzwilliam）的学生，他看起来没怎么学习，成绩却总是名列前茅。

某个学期，期末考试的前一周，菲茨威廉突然消失在了同学和教授的视野中，无论什么课都看不到他的身影。与此同时，其他同学都在紧张地备考，想方设法从教授那里得到更多的考试重点。考试当天，菲茨威廉迟到了几分钟。他衣着随意，脸晒得黝黑，走进考场时脸上还露出了轻蔑的笑容。甚至，他答题的笔都是向别人借的，然而出乎大家意料的是，他的考试成绩是当年的最高分。

菲茨威廉有什么技巧？我们应该如何利用菲茨威廉的技巧来展现自己的能力？这就是本章的主题。

理论上，我们作为旁观者，很难弄清楚一个人的能力对于他圆满完成某项任务有多重要。促使某项任务被圆满完成的所有因素都是糅合在一起的，除了个人能力，我们往往难以分辨还有哪些因素影响了结果。就像我们可以直观地看到一个团队的谈判结果或者一名医生的治疗成果，但是看不清那些结果是如何产生的。

美国心理学家约翰・达利（John Darley）和乔治・戈瑟尔斯（George Goethals）研究发现，旁观者在评价一项成果时，除了能力，还会考虑下列因素：

◎ 动机
◎ 难度
◎ 运气

它们的关系以下列成功因素公式表达：

$$E=[(F+F')\cdot(M+M')]+(S+S')+G$$

在公式中：

*E*——结果；
*F*——现有能力（被感知的能力）系数；

$F'$——能力临时约束；

$M$——现有动机因素系数；

$M'$——临时动机因素；

$S$——一般难度；

$S'$——临时难度影响因素；

$G$——运气。

根据这个成功因素公式：任务越难，运气越差，动机越弱，若想达到的结果越好，则需要的能力越高。

在第 1 章第 2 节中我们提到，律师需要花 7 ～ 10 年时间才能确定哪些新人有资格成为律师事务所的合伙人，这也可以用这个成功因素公式来解释：他们必须把能力、任务难度、运气、动机这些相杂糅的因素理清楚。

也就是说，除了能力，还有任务难度、运气好坏、动机强弱 3 个因素会影响事情的结果。只有将这 4 个因素的相互作用分析清楚，我们才可以自如地控制他人对我们能力的认知。

## 哪个传奇人物没有艰辛的过往

苹果公司创始人乔布斯在斯坦福大学毕业典礼的演讲中，曾提到了他经历过的一段非常艰苦的日子:“我没有宿舍，只能睡在朋友家。为了填饱肚子,我捡 5 美分一个的可乐瓶。星期天的晚上,为了有顿像样的晚餐，我要走 7 英里路，穿过整个城市去一个印度教的神庙。”

没有一个传奇人物不曾披荆斩棘、千锤百炼。在仔细阅读这位商业传奇的自传之前，我们也许应该准备足够的纸巾，为他所经历的磨难而落泪。然而，为什么他后来可以攀上顶峰？是因为他注定不凡，还是其他原因？

麦肯锡欧洲区前总裁赫伯特·亨茨勒（Herbert Henzler）经常提到最初的艰苦岁月。亨茨勒的父亲是名工人，下班后还要去农场打零工。由于家庭贫困，小亨茨勒在因肺结核住院 1 年后,还是要每天费力蹬自行车上下学，而且同村人还嘲笑他是装模作样的小屁孩。

就算你没有什么悲情的故事,也不是从最底层开始奋斗的人,通常也需要克服大大小小的困难,才能达到目标或者更上一层楼。你可以在合适的场合大胆地将过往的艰辛娓娓道来，但也不用说得太煽情。你要让大家意识到，你正在完成一个高难度任务，而且你周围的环境非常不利。就像运动员喜欢说受伤历史或者比赛时的恶劣天气一样，你也可以提一提曾经遇到的困难或者现在的糟糕情况，因为情况越棘手，就显得你越有能力。

如果一个人身处逆境，并且必须完成艰巨的任务，哪怕最后失败了，他也会得到谅解。此外，事先就把阻碍说出来，比事后说显得更可信。事后说出来的话听起来像是借口，容易引起怀疑。最重要的是，成功的时候也要提到这些阻碍，而不是说："唉，我只是运气好罢了。"说运气好只会降低他人对我们能力的评价。如果成功的时候提到这些阻碍，人们更愿意把好成绩归因于我们出色的能力，而不是归因于外部原因。

这个建议是不是与第 2 章讲到的"永远信心满满"矛盾？其实并非如此，我们不但要提到遇到的阻碍，也要表现出自己的乐观。也就是说，不要说"我可以"，而是要说"虽然困难重重，但我可以"！

## 毕加索更愿意成为一名医生？

1917 年，德国作曲家汉斯·普菲茨纳（Hans Pfitzner）的歌剧《帕莱斯特里纳》（*Palestrina*）在慕尼黑摄政王剧院首演。普菲茨纳与同行理查德·施特劳斯（Richard Strauss）的座位相邻，在歌剧开演之前，他自豪地对施特劳斯耳语："十年磨一剑才有这个作品。"然而，施特劳斯反问道："嗯，如果你觉得作曲很难，为什么还要从事这一行？"大众更熟悉普菲茨纳还是施特劳斯？

现实就是这样，给他人留下特别努力的印象，会降低他人对你能力的评价。

另一个可以提高自己被感知能力的重要因素就是努力。人们认为同样的一个结果，没能力的人要非常努力才能实现，而有能力的人可以毫不费力。也就是说，想要提高自己被感知的能力，我们就必须表现得并不努力。

天才觉得什么都容易，因为他们天生比别人厉害。意大利天才作曲家焦阿基诺·罗西尼（Gioachino Rossini）是个极度强调舒适感的人，他对生活非常讲究，每天都要睡很久。据说，当他在写字台或者躺在最爱的大床上作曲时，如果一页乐谱掉在了地上，他宁愿重写，也不愿弯腰去捡。

早在16世纪，意大利贵族巴尔达萨雷·卡斯蒂利奥内（Baldassare Castiglione）就把贵族最重要的能力描述为“轻松”（Sprezzatura），这是“一种为人处世的风格，把技巧都藏起来，好像这个人说的或做的是不假思索、毫不费劲的”。这种隐藏努力的风格甚至被牛津大学中的一整个学院所崇尚，该学院的口号就是“毫不费劲地超越别人”。

比起后天获得的能力，人们更看重天生就有的能力，因为它意味着高贵的出身或者优秀的基因。父母更希望从老师那里听到，他们的孩子虽然天分很高但是缺乏努力，导致数学只考了60分，而不是自己的孩子虽然很努力但是没有什么天分，所以只考了 60 分。同样的结果，却会给父母带来两种完全相反的感受。

因此，必须将努力这个因素最小化，以实现最大化被感知的能力。按照这个逻辑，我们应该表现出懒散的样子吗？没有这么绝对，表现得不努力尽管对提高被感知的能力有利，但也可能给他人留下不用心的坏印象。我们必须找到一个平衡点：不要抱怨，但要让他人知道，虽然阻碍重重，你却毫不担心手头的工作。这并不意味着你应该在人们没有意识到的情况下完成所有工作，这样只会让你的工作任务越来越多。正确的表现是：你必须花一些时间默默处理这些工作，但不会因此给自己带来困扰。

在提到已经实现的成果时，我们也应该让他人知道，我们之前几乎没费多少劲儿。

我至今还清楚地记得发生在我上法学院前不久的一件事情。那是我第一次见到奔驰前总裁埃查德·路透（Edzard Reuter），他告诉我学法律一点儿也不难，在法学院学习的大部分时间他都是在网球场上度过的。然而，当我进入法学院后，才了解到学习法律的困难。在那之后，每经历一次考试，我就对路透先生多一分崇拜。所以，绝对不要说你为了毕业比其他人付出了更多的努力。你应该让对方更加相信，你天生就适合学这个专业，你对这个专业有天赋，就好像有一种天生的能力。

德国著名小提琴家安妮·索菲·穆特（Anne-Sophie Mutter）喜欢在采访中说自己不经常练琴，每天最多练习 2 个小时。根据对小提琴家练习时间的研究，我们相信，优秀的小提琴家通常从 12 岁起，每周至少要花 30 个小时练琴，因此，穆特说的显然不是事实。一般来说，没有人天生就有成为著名小提琴家的能力，但最声名显赫的往往是那些让人认为本来就有天分的人。因此，穆特通过给公众留下不努力但很有天分的印象，享有较高的声誉。

天才，就是那些为所学专业而生，从一开始就清楚地知道自己要做什么工作的人。你绝对不要说，在学习经济学之前，看到数字就头疼，或者在进入广告行业之前，每次看到广告你都会换台。天才是上天选定的，而且他们热爱自己的职业。你能想象贝多芬其实更想当一名园丁，毕加索更愿意成为一名医生吗？

数十年来，梅尔文·莱西（Melvin Reich）一直在纽约经营着一家小店铺，店里唯一提供的服务是给衣服打扣眼。“我的工作就是打扣眼、打扣眼，以及打扣眼。我就是这方面的专家。就像耳鼻喉科医生不管眼科疾病一样，我不管缝衣服、补衣服，我只管打扣眼。”曾有人问莱西是否可以缝拉链，他生气地回应道：“缝拉链完全是另一个领域的事，与打扣眼是完全不同的技术。”读到这里，你愿意找谁来为你最心爱的外套打扣眼呢？

名人都清楚自己的位置，也从不后悔选择现在的职业，他们都提前规划了自己的道路，准确地走到了今天的位置。为了更好地理解这句话的意思，我们可以翻一翻名人自传。大部分名人自传都印证了一句话：命运选择了我。上文提到的乔布斯在斯坦福大学的演讲也包含了类似的故事："我休学了，不需要正常上课。我想学美术字，所以参加了一个美术字课程。我在那里学到了serif 与 san serif 字体，学会了怎样在不同的字母组合中改变空格的长度，还了解到怎样才能做出最棒的印刷式样。当时，我并没有指望能把学到的东西运用到实际中，但 10 年后，当我们设计第一台 Macintosh 电脑时，我又想起了所学的知识。然后，我就把所有当时学到的知识都应用到了 Mac 上。因此，Mac 成了第一台有漂亮字体的计算机。

如果我没有休学，就不会有机会参加美术字课程，Mac 就不会有这么丰富的字体了。那时的我当然不能预见事情的发展方向，但 10 年之后再回头看，一切都顺理成章。"

天才都不会走弯路。据传言，贝尔的父母在他 4 岁时，就发现他能将系在抽屉上的橡胶带拨出旋律，并且在他还不会系鞋带的时候，他就已经会拉小提琴了。

想一想，我们要如何将自己到达现在职位的经历描述成一场规划好的旅程呢？德国 DAX 指数的某家公司的客服主管曾经参加过我的研讨课，通过和他聊天，我发现他年轻的时候做过舞厅治安员，这也就是说，他从那个时候起就致力于现在的事业。

刻板印象让我们在想象一些领域的专业人士时，脑海中会浮现相对应的典型的专家形象。例如，物理学家看起来像爱因斯坦，音乐家则神似贝多芬，这些人都是各自领域的典范。同样，科学家就是丢三落四、性格怪癖但又无比智慧的形象。精英律师则是优雅、圆滑、思维敏捷的高级专家形象。值得你模仿的典型专家是什么样子的？他如何着装？怎样说话？又给人以怎样的整体感觉？

我认识一位非常成功的医生，他并不关心专业的东西，但善于让病人相信他的能力。工作的时候，他总是戴着一副听诊器，虽然几乎用不上，但他知道这样打扮可以让他看起来更专业。他有一位当外科医生的同行，生于中国，在德国的一座小城市提供针灸服务。尽管这位外科医生只是在德国参加过传统中医培训课程，但他还是成了当地公认的针灸大师。他的诊所门庭若市，人们都相信他，只是因为他来自中国。

每个人都希望自己看起来像一名典型的专业人士！有一个蠢驴想变成京巴狗的故事：有一头驴，白天为主人忙碌，晚上睡在驴厩。它看到京巴狗可以睡在房子里，吃的喝的都比自己的好，并且不需要干活。它们属于同一个主人，待遇却完全不同，这让驴非常难过。于是，驴想到了一个主意，它学京巴狗跑向主人，摇尾乞怜，还想跳起来扯主人的衣角，结果，它先被主人痛揍了一顿，然后被关进了驴厩。

你的客户或老板当然不会揍你，但不管在什么情况下，做自己都是更好的。我们不会看重一位打扮得像不羁的音乐家的律师，也不会看重一位更想成为医生的税务顾问。

按照刻板印象，真正的天才都热爱自己的专业并赖以为生。因此，我们应该从知识的海洋里汲取营养，对自己的专业了如指掌，就像建筑师应该对当地知名建筑的历史如数家珍，律师应该对法律条例一清二楚。并且，天才的专业也体现在日常生活中，就像制表工程师的手腕上总是戴着精致的机械表，电子工程师总是使用最新的智能设备。

我们应该给他人一种毫不费力就取得了今天的成就的印象，让他人认为我们是为自己的专业而生的天才，不论是学习专业知识还是攀登职业高峰，对我们来说都是轻而易举的。我们可以根据一些线索，把自己的发展描绘成一条笔直的道路，让他人觉得我们是事先规划好的。我们还要利用大众对行业专家的刻板印象，全心全意模仿他们。除此之外，如果能让他人意识到我们在全情投入自己的工作，那我们将无懈可击。一个全情投入工作的天才是最优秀的。

## 先打枪，后画靶

德国前总理格哈德·施罗德（Gerhard Schroeder）曾反复说到，自己其实出身贫穷，克服了许多极端困难后才有了后来的成就，所以他知道没有天上掉馅饼这回事儿。

施罗德的竞争对手埃德蒙德·斯托伊贝（Edmund Stoiber）则不同，这位穿布里奥尼、抽雪茄的政治人物想表现得洒脱些。他认为如果一个人在历经艰辛，并且战胜了许多大挑战后，还能表现得很轻松，那么这个人一定有无法估量的能力。

最为理想的情况是：成功只归因于异于常人的优秀能力，而与其他因素无关。失败只归因于其他外部因素，而与某个人的能力无关。

基本归因错误：我们喜欢用性格因素来解释他人行为，而忽略外部环境。

如果你和邻居打招呼，对方回应冷淡，你会觉得他性格孤僻，而不会想他今天是否遇到了特别糟心的事，所以才这么失魂落魄。我们倾向于将他人的行为归因为内部原因，觉得他人应该为自己的行为负责。我们只能看到站在我们眼前的这个人，而看不到影响对方行为的环境。或者说，我们只关注眼前的这个人，而不关注影响他的各种因素。与此相反，从自身的视角来看，我们更多地感受到的是外部环境，所以我们倾向于用外部因素解释自己的行为。

将结果归因于个人，这就是基本归因错误。当你出色地完成一项任务时，这种归因方式对你是有利的，因为他人认为完美的结果是你凭借个人的能力达成的，而与外部环境无关。这种想法会让你变得更强大。失败的时候，你要想尽办法改变这种基本归因错误的影响。你必须用各种手段突出外部环境的困难和坏运气，由此可以让他人忽视你能力不足的问题。这两种情况下，你都应该将能力因素隔离出来。成功时，使它成为决定性因素；失败时，用外部环境掩盖它。

那么，如何使用能力框架？如何将能力放到正确的框架内？一位来自美国南部的神枪手可以回答这些问题：

> 曾经，有个外地人走进了美国得克萨斯州的一个小村庄，眼前的景象让他目瞪口呆——村里很多墙上都画着枪靶，每个靶子的靶心都有弹孔。外地人问一个靠在墙上的男人，是谁的枪法这么准？
>
> 男人抬起头回答："就是我。"
>
> 外地人大吃一惊，接着问："您是怎么做到每发子弹都正中红心的？"

“很简单，”男人回答道，“我先打出子弹，然后再画枪靶。”

故事告诉我们，如果正确放置框架，就可以让每个结果显得十分理想，尤其是在他人没有客观框架的时候，他对你设定的框架的认识就极为关键。

现在我们再来看哈佛学生菲茨威廉，他旷了一周的课，没带笔就来参加考试，还得了当年的最高分。然而，这可能是因为他花了整整一周时间闭关学习。此外，他可能还去做了美黑，以健康的肤色来展现生活的丰富多彩。不管这些是不是事实，都是让他成为传说的因素。

## 能力展示TIPS

◎ 使他人注意到你任务中的困难和不利环境；

◎ 表现出获得过往的成就和学业都不是难事，让自己显得毫不费力；

◎ 把你通往现在职位的经历描述成一场规划好的旅程，让他人认为你是为专业而生的天才；

◎ 找到你所在领域的专家典范，利用人们对他的刻板印象。

FIVE

5

UBER ZEUGT!

反低调

第5章

# 掌控高言值

工作与生活中，那些语言沟通能力强的人，往往与同事相处融洽，深受领导赏识，因而获得升迁机会。而那些语言沟通能力有所欠缺的人，则往往默默无闻，被人无视。

我年轻的时候说话很慢，行动很快，然而生活这所大学让我明白，世界由语言统治，而不是行动。

## 别让说话成为你的短板

播音员们每晚在新闻节目里报道世界各地的新闻，你如何评价他们的能力？事实上，虽然播音员不负责编辑或其他工作，只是朗读放在他们面前或提词器上滚动的材料，但他们往往被认为非常有能力。

说话方式会明显影响他人对我们能力的评价，我们喜欢用一个人的谈吐而不是肢体动作来评价他的聪明程度。这两个因素共同作用时，语言的影响力总是占支配地位。甚至，当我们只能看见一个人说话，而无法听到他说话的内容的时候，语言因素也更有分量。这是因为，哪怕听不到声音，说话卡顿这种“能力杀手”也可以被直接观察到，进而带来灾难性的后果。

因此，说话方式甚至比说话内容更重要。想要提高被感知的能力，正确的说话方式是最有效的方法。使用这种方法时，除了语速和声调，还有其他因素起了决定性作用。

发音对被感知的能力有显著影响。

首先，语速不同效果也会不同。那么，我们应该以什么语速说话，才能显得更有能力？是像先知那样慢条斯理地说话吗？

研究结果表明，口若悬河的人比慢条斯理的人得到的能力评价更高。这包含了一个未被证实的假设：语速反映了思维速度。俗话说："脑子转得快，说话速度就快。"所以，说话速度快一点并没有坏处，但要注意，口若悬河的同时要保证表达准确无误。说话含糊不清或发音有问题，会彻底降低他人对我们能力的评价。我们可以通过读绕口令或喜剧独白，使自己不仅语速快，而且吐字清晰。此外，语速平稳流畅也特别有利于提高被感知的能力。

尖锐的声调或总是清嗓子，不仅会让听众觉得烦，还会降低被感知的能力。而合适的声调可以提高被感知的能力，所以，我们要努力避免尖锐的声调。我们以沉稳的声调说话时，带来的好处就更明显，但不要毫无起伏。研究表明，如果声调沉稳，且说话抑扬顿挫，就会显得非常有能力。

声音的大小也会造成影响。我们发现，提高音量可以提高被感知的能力，但要注意，音量只能比正常情况稍高一点，太大的声音也会给他人带来不悦的感受。

## 口音会拉低你的档次

专家是生活在我们百里之外的人。

——佚名

在一次实验中，测试者要先观看一些演员的发言，然后判断哪些人是专家。结果显示，只有说规范语言的演员才被测试者认为是专家。

方言有消极影响，它有时候像个污点，被视为地位低下的人的特征。它使说话人没有说服力，可信度不高，会直接降低说话人被感知的能力。

德国的多项研究表明，相比于说方言的人，说标准德语的人被认为更有能力。有趣的是，比起带萨克森或柏林口音的人，带巴伐利亚口音的人被认为更有能力，不过还是比不上说标准德语的人。

说方言的人总是被自动划分到一个群体，进而被贴上该方言所联系的社会地位的标签。根据其联系的社会地位，方言被划分为多种等级。某人所说的方言显得他地位越显赫，他被感知的能力也就越高。完全不说方言无疑会使自己处于最高的社会地位，所以使用规范语言的人显得最有能力。

近年来，有研究发现了方言的积极效应：方言能够提高他人对说话者可靠度及融入能力的评价。我们和说话对象说同种方言，不会更有利吗？由此产生的共鸣不会提高被感知的能力吗？说同一种方言确实更讨人喜欢，然而还是会被认为没什么能力。时至今日，尽管依然有人说方言，大多只是因为它是文化认同（Cultural Identity）的一部分。

不同的方言会让人联想到不同的社会地位，说话的人也就因此被分了等级。比较之下，规范的语言通常最有优势。带外国口音也是类似的情况。如果一个人带有某个强国的口音，他的能力就会获得更高的评价。但是，我们要注意一个例外情况：如果口音符合人们长久以来的认知，它就可以提高说话者被感知的能力，就像榨苹果酒的人喜欢说黑森方言，表匠都用瑞士德语交流一样。

据说多年前，洛杉矶有一家法国餐厅由于服务员浓重的法国口音而一夜爆红。有一天，一位法国游客来餐厅用餐，当他尝试用法语与服务员交谈时才发现，他们一句法语都不会。原来，带有浓重法国口音的服务员都是临时演员，店主是墨西哥人而不是法国人。

一次测试的结果显示，许多人都能够听出带有口音的人使用的是何种方言，尽管后者不愿意承认。所以不要用不真实的方言或口音去骗人，哪怕这样做看似对你很有利。请务必做到诚实，不要高估自己的语言能力。测试还显示，大部分人在说规范语言时会感到非常自信，所以如果可以选择，请使用规范语言。

## 策略性发言

聊天或开会时，如果我们想对某事发表意见，应该如何考虑发言频率？我们应该进行多次简短发言吗？发言频率确实对被感知的能力有明显的影响，多次长短适中的发言是最明智的选择。也就是说，我们要经常参与对话，但要注意，每次的发言时间应该限制在一个合理的范围内。此外，我还建议使用不同的表达方式，因为词汇量大意味着更深的学识，从而代表更高的能力。

在两个单句之间稍作停顿也同样重要，这样可以避免发言太仓促，还能给听众消化、组织语言的机会。在说重要论点之前，应该先短暂地停顿，然后掷地有声地阐述自己的论点，这样可以保证最重要的论点不被他人所忽略。你是否曾在发表精彩绝伦的论点后，没有获得应有的关注？究其原因，很可能是该论点在你第一次提出时就已经被忽视了。因此，不管你接下来如何努力推销自己的论点，阐述它有多重要、有多好，都为时已晚。一个论点一旦最开始被认为不重要，就很难再吸引他人的注意。

此外，我们还应避免重复。不必要的重复会给人留下不好的印象，因为它容易让人与能力低相关联。打断他人发言，在许多文化中都是特别不礼貌的行为，这种行为不会显得自己特别投入，反而会对被感知的能力产生消极影响，因此也要尽量避免。

## 避免七种无力的表达

美国语言学家罗宾·雷科夫（Robin Lakoff）观察并分析了在法律诉讼中最具有说服力的人的特征，他发现，只要比较发言出色的律师和证人，以及发言不出色的律师和证人，就能看出明显的区别。

因此，雷科夫区分出有力的表达和无力的表达。“失败者”的表达是无力的，因为他们使用了一些错误的说话方式。

雷科夫将有力的表达称为 Powertalking 一样，这种表达摒弃了以下 7 种错误的说话方式：

1. 过分强调（如“我真的真的不想”）；
2. 吞吞吐吐（如“我女儿……嗯……从来没来过这儿”）；
3. 讨好（如“你知道的”“太棒了”）；
4. 过于客气（如“最最尊敬的穆勒先生”）；
5. 不正确的表达（如把“王子”说成“王纸”）；
6. 阴阳怪气（如在宣布结论的时候用疑问的语气）；
7. 反问（如“难道不对吗？”“这是个很有意思的领域，不是吗？”）。

被感知的社会地位在这里起了重要作用：无力的表达会使人联想到较低的社会地位，进一步联想到较低的教育程度和较低的能力。Powertalking 则完全不同，它使人联想到较高的社会地位、教育程度和能力。表达方式和社会地位之间的联系反映了一个事实：社会地位越低，说话的人表达越无力。

因此，我们应该避免这 7 种错误的说话方式。雷科夫发现，使用 Powertalking 技巧的人获得的能力评价，比其他没有使用该技巧的人大约高出了 10 倍。没有别的技巧可以像 Powertalking 一样，只用相对简单的工具，就能有效提高被感知的能力和说服力。此外，雷科夫猜测，女性更习惯使用无力的表达，这将导致别人对她产生能力不足的坏印象。但这个猜想并未通过实验得到证实。

7 种错误的说话方式并不算太多，但要在匆忙时还能想起这 7 点并不容易。

在紧急情况下，你可以把注意力放在最重要的一点，即避免说话吞吞吐吐上。如果你说话不连贯或者话语中有很多“嗯嗯呃呃”，记得及时纠正，且不要重复自己说过的话，这样会明显获得更高的能力评价。

## 叔本华的愤怒

一名科学家曾向某知名杂志社投递一篇经过反复修改的、通俗易懂的文章，结果被退稿了。后来，她又试着投递那篇文章的初稿。她认为初稿晦涩难懂，然而却被杂志社采用了。这告诉我们一个事实：晦涩难懂往往能获得比通俗易懂更高的评价。

哲学家亚瑟·叔本华（Arthur Schopenhauer）的同事格奥尔格·威廉·弗里德里希·黑格尔（Georg Wilhelm Friedrich Hegel）被狂热吹捧时，叔本华嘲笑他是“黑格赖”（Hegelei）。叔本华愤愤不平道：“他的作品，读者读了几遍还是读不懂，因为他自己也没有清楚明确的概念。文章废话连篇，空洞无物，只是词汇堆积。他想写点什么，但他什么也不明白，什么也没有思考过，更不知道自己要讲什么。为了巧妙地掩盖自己的不足，而不是更准确地表达自己的思想和见解，他用各种措辞堆砌文章。”也许叔本华的批评有一定的道理，但黑格尔还是成为了那个时代最负盛名的哲学家，而叔本华深入浅出的作品却无人问津。

心理学家 J. 斯科特·阿姆斯特朗（J. Scott Armstrong）在仔细研究了 10 本管理学期刊后，失望地发现：文章越深奥，获得的评价越高。相反，内容越相似，表达方式越直白的文章，会被认为包含的研究成果越少。专家审稿也存在这种偏见。阿姆斯特朗因此得出了以下结论：研究人员想给同行留下有能力的印象，就应该把文章写得更复杂；专业杂志想提高声望，就应该刊登更难以理解的文章；学术会议想显得更高端，演讲人就应该语焉不详。这个结论在很多事情上都适用，同时也说明：表达复杂化对被感知的能力有积极影响。

“对该结论简单且理想的应用，将导致更多使用数字符号替代文本符号的现象，抑或如阿姆斯特朗所言，导致用复杂意象替代简单意象，以及合并多个短句为复杂长句的现象。”这段话用直白的方式再表达一遍：“该结论很容易付诸实践，要么尽可能多地使用数据，要么像阿姆斯特朗建议的那样，将简单的词语都换成晦涩难懂的，将短句改写成长句。”同样的内容，前一种表达是不是看起来更高端?

这是我非常不愿意写进书里的几个研究成果之一，因为它会妨碍科学知识的获取，也不利于营造透明的企业文化及交流文化，但我还是想把研究结果完完整整地呈现给读者。

总而言之，说话不必太直白，这有利于提高被感知的能力。

## 正确打开话匣子

我必须承认，本章给出的建议就像一份说明书，它没有把复杂的概念糅合在一起，而是分条列出。但是，请不要因本章内容清晰简短而感到怀疑，这些内容包含了近 50 年的研究成果。本章所引用的知识都是一些优秀的研究人员这些年辛苦总结出来的，我们是站在了巨人的肩膀上。

有一点毋庸置疑：语言沟通拥有强大的力量。想大幅度提高沟通能力，我们不需要像播音员一样，在蓝色背景前正襟危坐，手里拿着材料或盯着提词器，我们仅通过 Powertalking 就可以实现。

本章提到的技巧在电话交流的时候也有用。

## 能力展示TIPS

◎ 语速比正常情况稍快一些，吐字清晰，语速平稳；

◎ 音量比正常情况稍大一点；

◎ 声调沉稳、抑扬顿挫；

◎ 注意发音的准确性，使用标准发音；

◎ 方言和口音只有在符合人们长久以来对某些事物的正面印象时才能变成优势；

◎ 多次长短适中的发言最有效；

◎ 说重点之前应适当停顿；

◎ 表达时使用不同的词汇，避免多余的重复，不要打断他人发言；

◎ 使用 Powertalking： 避免说话不连贯、嗯呃等语气词、过分客气；
◎ 观点说得复杂难懂并使用数据。

SIX

6

ÜBERZEUGT!

反

低调

第6章

# 时时“在线”的肢体语言

我们都坚信肢体语言的可信度更高，因为我们认为说出来的话可能很空洞、不真实，而且能被轻易操控，但肢体语言却能在不经意间透露对方的一些信息。

也许从一个人的肢体语言就能分辨出他是愚人还是能者。傻瓜动作慵懒、缓慢、迟钝，每种姿态都透出愚蠢。同样，一个人聪明智慧、勤奋认真的特质也会形之于外。

## 别委屈了肢体语言

每次针对本章主题进行演讲时，我的开场白总是这样：“请把你们的左手伸出来，把右手放在左手上。当我说‘鼓掌’的时候，请大家鼓掌。”接着，我不说任何话，只是开始鼓掌，紧跟着，整个会场也会掌声雷动。通过这个小实验我们发现，做什么比说什么更重要。

事实上，肢体语言的作用往往比语言的作用更大。研究结果表明：在新闻内容一模一样的情况下，如果把广播的新闻显示在电视屏幕的图片上，那么图片上的语言更能吸引人们的注意力。

我们都坚信肢体语言的可信度更高（面部表情除外），因为我们认为说出来的语言可能会很空洞、不真实，而且会被人轻易操控。许多心理学家认为，正是由于对语言的这种成见，非语言交流才成为影响他人的关键。

奇怪的是，我们通常都不重视肢体语言，只关注表达技巧。实际上，肢体语言蕴含着巨大的潜能，能帮助我们提高被感知的能力。当然，这些潜能都有待发掘。

我们忽视了肢体语言的作用，可能是因为我们对它根本没有正确的认识，也可能是因为它不在我们的常识范围内。科学界有一项持续了数十年的研究，对比了细微差别的肢体语言带来的不同效果。现在，我们可以通过它来加深对肢体语言的认识。令人惊喜的是，这项研究的大部分结论都能快速运用到实践中。

## 舒服的距离

在电影《教父》(*The Godfather*)中，马龙·白兰度(Marlon Brando)饰演的教父总是倾向于近距离与他人交谈，哪怕对方惹怒了他。教父这样做当然不是为了对方听得更清楚，他只是想让对方感到害怕，起到震慑的作用。在这一点上，我们的常识与研究结论完全一致：谈话双方之间的距离不宜太近。

两位美国心理学家斯图尔特·艾伯特(Stuart Albert)和詹姆斯·戴伯斯(James Dabbs)组织过一个实验，深入研究了距离因素对被感知能力的影响。实验中，90 名测试者分别单独与一名学生保持不同的距离，然后听该学生演讲，演讲持续时间为 5 分钟。接着，测试者对学生的能力进行评价。实验的结果是：与学生相隔 1.2 ~ 1.5 米的测试者，认为该学生非常有能力。0.3 ~ 0.6 米的距离会让双方感到紧张不安，这么近的距离属于个人距离（Personal Space）范围内，容易让人产生压迫感，引起防御反应，由此降低双方被感知的能力。因此，除了《教父》这种黑帮电影，最好不要在其他环境中使用咄咄逼人的沟通距离。2 ~ 4 米的距离同样有其弊端，因为相隔太远会导致负面印象和敌对情绪，也会令沟通双方很难感受到彼此的联系，从而降低双方被感知的能力。

这项实验的结论很容易应用到日常生活中，并且对站着和坐着的人都十分适用。演讲的时候，不要站在离听众太远的地方。坐在写字桌前接待来访者的时候，为了营造轻松愉快的交流氛围，应该把椅子放在恰当的位置，为对方留出大约两步的距离。

当然，我们不必整天带着尺子到处跑，只要找到离对方较近但又没有到达对方个人距离范围的位置就行。同时，我们也需要考虑文化差异，在拉丁美洲和亚洲（尤其是印度），人与人之间倾向于保持更近的距离，因此，在这些地域我们可以离谈话对象更近一点。至于个人距离范围，就要靠细致的理解力去辨别了。细致的理解力在所有技巧中都至关重要。

按照亚当·里斯（Adam Riese）的观点，与谈话对象保持 1.5 米的距离，会使双方都有一个好印象。

## 用眼神说话

俄国的神医、妖僧，沙皇的宠臣格里高利·叶菲莫维奇·拉斯普京（Grigori Efimovich Rasputin）非常擅长迷惑他人，历史上再也找不到第二个像他这样有如此多惊人传说的人了。关于这位尼古拉二世时期的神秘主义者，文献有如下记载：

> 拉斯普京向前走了一步，当他用炯炯有神的眼睛扫过众人时，一阵寒意穿过这些男男女女。他盯着那个额头冒汗的男人，伸出一只手，霸道地给出指令："你，站起来，走过来！"那个胖胖的男人惊恐地抬起头，结结巴巴地说："我，我，真的做不到……两年前我就无法站立了。医生们都说，我背部的肌肉完全萎缩了。请帮帮我，神医！帮我！我给你好处……"拉斯普京用闪烁着光芒的双眼盯着那个男人，"站起来！"他命令道，"走到我这儿来！"他的声音很轻很沙哑，所有人都屏息静听，场面静默到只能听到对面市场传来的嘈杂声。坐在矮凳上的男人脸色变得

苍白，汗水从额头渗出来。慢慢地，他颤抖着离开凳子，站了起来。接着，他颤颤巍巍地迈出一步，又一步，再一步……最终，他浑身是汗，哆哆嗦嗦地站在了拉斯普京面前。

“简直是个奇迹！”戴彩色头巾的妇女们窃窃私语，纷纷在胸前画十字。男人身体晃动了一下，然后就站稳了，他久久地站在拉斯普京面前。

“现在你自己走回家吧！”拉斯普京又下了命令，“你可以走路了，背也不会再痛了。”他的双眼穿透了那个男人。

男人憔悴的妻子跪下来感谢他，亲他的手，“谢谢！”她由衷地说。

也许拉斯普京有神秘的力量，早在尼古拉二世时期就预测到了现代心理学的研究结论：眼神交流在沟通中起着重要作用，能对被感知的能力产生直接影响。频繁的眼神交流会给人感觉更强大，影响一个人的说服力。在极端情况下，甚至会出现上文小故事中的神奇效果。

但要注意，不当的眼神交流会降低你被感知的能力。在他人讲话时，直视说话人会让人感觉你的社会地位很低，或你屈服于说话人。例如，服务员在顾客点菜时都直勾勾地看着顾客。我们总是犯这样的错误：听他人说话时，我们总是盯着对方，轮到自己发言时，又不敢直视对方。我们怎样才能礼貌地回避他人的目光？又如何在目不转睛地看着对方时不显得谄媚呢？

我们可以从因美国第 37 任总统理查德·尼克松（Richard Nixon）得名的“尼克松效应”中学到：频繁眨眼睛会降低我们被感知的能力。水门事件后，尼克松发表了辞职演说，演说过程中他眨眼睛的次数超过了 50 次。眨眼睛这一动作被视为紧张害怕的表现，因此，在美国总统的竞选中，那些很少眨眼睛的竞选者往往会胜出。

我们要尝试在自己说话时尽可能地多看对方的眼睛，而在对方说话的时候尽量避免直视。此外，不要频繁地眨眼睛。回观拉斯普京，他通过死死地盯着对方的眼睛，让一个无法站立的男人相信自己还能走路。但是，在男人说自己病症的时候，拉斯普京就会避开眼神交流。而且，无论什么时候，他都没有频繁地眨眼睛。

## 不要让你的微笑变得廉价

传奇的美国刑事辩护律师格里·斯彭斯（Gerry Spence）在其 50 年的职业生涯中从未败诉过，他曾对微笑发表了如下看法：

“如果你在酒会上四处看看，会发现几乎所有人的脸上都挂着友善的笑容。你认为大家一定都玩得很开心，并且大家肯定都很友好！可你应该知道，酒会上的人不一定都是正人君子，可能还有混混和骗子。散场后，你在会场外碰到酒会上的人，可能会看到有人已经揭下了微笑的面具，开始抱怨酒会上的事情，或者正因其他事情而生气。”

微笑真的这么糟糕吗？

最新研究显示：一方面，我们可以通过微笑提高自己的亲和力，展现更高的积极性。亲和力和积极性均有助于我们给他人留下更好的印象。另一方面，微笑也会给我们带来一系列不好的影响。例如，总是咧嘴笑的人看起来不怎么聪明，经常微笑的人会被认为身份地位低下，不合时宜的微笑像二手车销售员的笑容一样廉价。严肃的面部表情虽然不能对被感知的能力起决定性作用，但在关键谈话中，它意味着更高的身份地位和更强的支配能力。同样，点头也有双面性。恰当时机的点头可以表达出我们的认可，但错误时机的点头或频繁点头会让自己显得无能。

对于女性，这里有一个练习严肃的面部表情的方法：皱起眉毛，像在生气或表示不满，并微微低下头。严肃的面部表情能让女性更进一步提高自己的身份地位。

关于微笑，正确的做法是：只有在真正想笑时，才展露笑容。

不要错误地认为我们必须时刻保持微笑，这样不仅会很累，也会非常别扭，甚至会对我们不利。

但是，如果你是个不苟言笑的人，从未真正开心过，我想给你一个让你拥有好心情的小技巧：试着努力挤出一个微笑，即使你正被负面情绪包围，这样做后，你会发现心情瞬间好了很多。原因何在？

德国心理学家弗里茨·斯特劳克（Fritz Strack）的一次实验揭示了这一原因。实验中，测试者被分为两组。斯特劳克以研究神经运动为借口，让一组测试者将一支笔像含吸管一样含在口中，而让另一组将笔横放在口中并用牙咬住。测试者需要在观看完一部动画片后，对该动画片的有趣程度做出评价。实验的结果是，将笔横放在口中的测试者比另一组测试者对该动画片的评价更高，因为他们不得不保持“微笑”。

当我们微笑时，会感觉自己心情变好了。也就是说，我们的面部表情在某种程度上影响着我们的心情，我们可以从外至内地改变自己的心情，而不只是从内至外。与“吊桥实验”让人有恋爱的感觉类似，我们可以通过微笑获得好心情。

总的来说，我们并非在所有情况下都需要保持微笑。恰当时机的一个真心微笑可以发挥无比积极的作用，不合时宜的微笑则会给被感知的能力带来负面影响。

## 战术性的肢体接触

美国前总统林登·贝恩斯·约翰逊（Lyndon Baines Johnson）对肢体接触掌握得炉火纯青，据说，他会对交谈对象进行战术性的身体接触，例如将手放在对方的膝盖上，用手拍对方的肩膀、戳对方的肚子，而且这些动作均不会引起对方的不适。

许多心理学家认为肢体接触是最重要的非语言交流之一。事实上，我们对肢体接触有天生的需求，比如缺少肢体接触的婴儿会变得不安，缺少肢体接触的病人会认为自己没有得到保护和关怀。通过与谈话对象进行肢体接触，我们不仅可以提高自己的身份地位，也会给对方更强的安全感。如此一来，在光环效应的作用下，我们就能提高自己被感知的能力了。

然而，使用肢体接触这一技巧也需要细致的理解能力，并且这一技巧对理解能力的要求比本章其他技巧都更高。不正确的肢体接触可能把事情弄砸，并引起交流对象明显的反抗。

在适宜的情况下，你大可以放心地使用肢体接触，拍对方的肩膀或握住对方的上臂。几乎可以肯定的是，频繁的肢体接触会对交流起到积极作用。如果你还是觉得肢体接触难以掌握，至少可以在必须与对方进行肢体接触（比如握手）的时候使用这个技巧。你可以养成一个习惯：握手时，用空出来的左手握住对方的右上臂，以最大化当时的身体接触。看看外交官员们会面的照片，我们会发现，最杰出的外交官往往不会放弃任何一个通过肢体接触展现自己威信的机会。

## 正确的站姿与坐姿

交谈时，你站立的位置也会明显影响对方对你能力的评价，当然，这只针对男性，对女性几乎没有影响。通常，我们会站在交谈对象的正对面或侧面。对男性来说，自己的身体朝向与对方的身体朝向呈 30° 角，对被感知的能力有最积极的影响。当然，我们不需要带工具去现场测量。根据经验，我们总结出了一个原则：与对方保持一点斜角就行。小细节有大影响，不论做报告还是与他人对话时，都应体现这一原则。

有一句老话毋庸置疑：昂首挺胸的人最好看！不论男女，站姿对被感知的能力都会产生影响。另外，不要频繁地移动，这会让人觉得你不够聪明，由此对被感知的能力造成负面影响。

关于正确的站姿，我们可以总结如下：

◎ 男士最好与交谈对象呈 30° 角站立；

◎ 昂首挺胸；

◎不要频繁地移动。

坐着谈话时，坐姿也会对我们被感知的能力产生影响。我们应该随意一点还是正襟危坐？慵懒的坐姿还是端坐会显得身份地位更高？通过分析不同放松程度的坐姿，一项研究指明了坐姿对说服力的影响，而说服力与被感知的能力密不可分。研究结果显示：对于男性，稍微放松的坐姿远好于其他姿势；对于女性，稍微紧张一点的坐姿更好。

女性稍微紧张一点的坐姿有以下特点：

◎身体稍微前倾，与椅背保持约10°角；

◎背部挺直，但不要过于僵硬；

◎双手、双腿的姿势保持对称；

◎双脚平踩在地面上。

男性稍微放松的坐姿有以下特点：

◎身体同样前倾约10°角；

◎稍微弓着背；

◎腿稍微向前屈，双脚不要并拢；

◎ 双手姿势不同（比如一只手放在膝盖上，另一只手放在桌子上）。

这样的坐姿乍看之下可能觉得非常别扭，但试一试，你会发现不需要多大改变就能做到。

另一个提高说服力的方法是，坐在桌子前端的位置，也就是上席。

在一次实验中，4 名测试者需要讨论给一名事故受害者的赔偿金额。在他们讨论的过程中，研究人员让第 5 名测试者参与进来。他选择坐在桌子前端的位置上，提出了一个远远低于其他测试者给出的赔偿金额——3 000 美元。最后的赔偿金额当然不会这么少，但由于第 5 名测试者的影响，赔偿金额的均值从 13 500 美元变为了 10 375 美元，下降了大约 30%。

促成这个结果的原因并不是因为第 5 名测试者的座位在桌子前端，而是因为他主动选择了上席。换句话说，如果座位是分配好的，坐在桌子前端座位的人，其说服力与坐在其他座位的人没有差别。如果座位是自己选的，虽然选择只需要 5 秒钟，但主动选择上席的人在整场讨论中有更强的说服力。占据先机、主动选择上席的人，更容易给他人留下有能力的印象。人们会认为他独立、自信、坚强，也会更认真地思考他的发言，将他视为领导者。

该实验并没有证明直接霸占上席的测试者会给其他测试者留

下厚脸皮的印象，然而，如何选择座位也要视情况而定。有些国家习惯完全按照身份地位来安排座位，比如在东京举办的商业宴会上，坐在最重要的位置的人要负责结账。因此，我们应该依据不同的情况慎重选择座位。

## 人人都想拥有大长腿

小人物，怎么办？

——汉斯·法拉达（Hans Fallada）

《小人物，怎么办？》（*Little Man, What Now?*）作者

关于身高，我们普遍认为“个子高真幸福，个子矮好丢人”或者“身高当然越高越好”。

早在古埃及的壁画上，身材越高大的人，身份越高。有趣的是，这个逻辑也可以反过来：一个人身份越高，人们就会认为他的身高越高。例如，学生对教授身高的估计都高于教授的实际身高。如果一位好莱坞男明星被证实身高只有 1.7 米，便会让人大跌眼镜。

在一次实验中，两组测试者分别收到一位公司高管的照片。其中一组测试者收到的是一个高个子的照片，另一组收到的是一个矮个子的照片。结果高个子被认为是高管的概率明显更高。对

于男性，身高的影响更大。个子更高的男性被认为体格更好，并且占据主导地位，这可能是我们长久以来的一种潜意识。由于光环效应，这种潜意识还会影响到其他方面（比如能力）的评价。

研究证明：现实生活的所有领域中，高个子更受偏爱。比如，高个子（1.83 米以上）的起薪比矮个子高 20%。身高对美国总统竞选也有明显的影响，而且因为现代选举会在电视上播出，所以距离现在越近的选举，身高因素对结果的影响越大，不同身高产生的差别因此更明显。基于这个原因，我们就不难理解为什么矮个子选举人的竞选团队会煞费苦心地掩饰身高这个劣势了。

幸运的是，不用去做增高手术，你只需使用一些技巧就能显高。

首先，很有意思的一点，仅仅几厘米的差别就可以决定你是高个子还是矮个子。身高 1.79 米的男性会被认为不够高，而只要再多 3 厘米，也就是 1.82 米，就会被归入高个子阵营。真是一厘米也不能少！男性可以买带隐形内增高的鞋子，悄悄地增高 10 厘米。这种鞋子绝不是浮夸的标志，而是明智的选择。如果你是站在柜台后工作，只要把脚垫高就行。此外，细条纹以及在视觉上不会将身材分成两节的同色系服装，也能使你显得更高。

有时，昂首挺胸就够了，可以瞬间让你变高几厘米。请尝试以下动作：靠墙站，背部紧贴墙壁到一张纸也插不进去的程度，然后保持这个姿势往前走。一开始，你会觉得身体有点僵硬，但这时你处于最高状态。谨记，几厘米也是至关重要的。在重要谈话之前，你应该练习这一动作，毕竟只需要几秒钟，你就可以给谈话对象留下更有能力的印象。根据我的个人经验，请千万注意不要靠在容易掉灰的白墙上，否则你衣服背面会沾满白灰。

此外，你还要根据具体情况采取相应的战术。如果在场的人都比你矮，你就要尽量站着，且尽可能地靠近他人来突出身高差。当你旁边站着竞争对手时，更应如此。如果在场的人都比你高，为了避免产生直接对比，你无论如何都不要直接站在他人旁边，更好的选择是坐着。如果在场的人都坐着，你可以选择站起来。甚至在接吻的时候，也是有策略的：你可以为对方提供一个矮沙发，而自己坐在更高的凳子上。当你处于全场最高的时候，就会立刻发现自己显得非常有说服力。

## 奥巴马：展现你的热情

没有什么能像“福克斯博士实验”一样，将非语言交流的力量以意想不到的方式展示出来。心理学家派一名演员在一场教育方面的专业会议上做学术报告，会议的参与者都是教育专家。这位演员化名为“福克斯博士”，他伪造了一份漂亮的简历，并为自己的报告取了一个非常吸引人的标题——《数学博弈理论在内科医生教育中的应用》。事实上，“福克斯博士”完全不知道自己在长达一小时的报告中说了什么。这篇报告的内容并没有经过精心打造，据报告的撰写者说，它的内容空洞、毫无逻辑、自相矛盾，还包含了与会议主题毫不相关的内容，简直就是一堆废话。然而，专业听众们却认为这篇报告内容丰富、思路清晰，而且极具说服力。

“福克斯博士”被宣传为知名专业人士，有漂亮的简历，而且肢体语言充满热情，上述种种因素使他的报告获得了认可。如果做报告时，他一动不动、毫无热情，听众们对报告的评价就会直线下降。正是热情的肢体语言带来了如此明显的差异。

还有另一个类似的实验：一位教授上了两节内容相同的课，在一节课上，他表现得非常热情；在另一节课上，则表现得十分冷淡。结果显示，表现得热情的那节课的效果更好。

我在做报告的时候，也会出现这种明显的差别。当我不怎么走动，没有表现出热情，只聚焦于报告内容时，听众对我的印象明显较差。

所以，不论是做报告，还是展示产品，你都应该展现自己的热情。发言的时候，你需要不停地走动，而且不要一直盯着同一个方向或者同一个人。当你关注全场时，你的行为会与整个场面更协调，能够避免把发言变成两个人的对话。不管你想表达什么情绪，你的面部表情都应该富有表现力，并且与你的发言相符。

做手势时，不要手舞足蹈，而是自然地与你的发言保持一致。如果是大场地，你应该伸出整个手臂。如果是小场地，你只需要把手掌抬起来一点。场地越大，你的手势应该越夸张。

知名演员哈尔·珀森斯（Hal Persons）也曾参加过管理培训，他建议：“将自己想象成一个白炽灯泡，把能力从头部传输到全身各处，然后让自己发光发亮。”

美国前总统贝拉克·奥巴马（Barack Obama）是把这些技巧应用于实践的代表人物。在官方场合，为了展现热情但不死板的形象，且让在场的每一个人都感觉被关注，他总是尽可能多地使用摄像机和提词器。

## 55/38/7法则

我们可以将这些不同的技巧，分别运用到日常生活的不同方面。

假设你向理财顾问咨询如何做理财规划。理财顾问在办公室接待了你，他选择了上席，保持稍微放松的坐姿，并请你坐在离他约一米远的凳子上。对你说话时，他紧紧地盯着你的眼睛，显得神采飞扬、充满干劲。你提问时，他的视线会离开你，若有所思。说到你的存款时，他的表情非常严肃。沟通过程中，他会站起来，与你呈斜角站立。当你说到自己特别担心的问题时，他会拍你的肩膀。你会发现，咨询结束后，你无比信任他。

所有技巧都很容易运用，你不需要改变性格或其他本性，就可以明显影响他人对你的印象，以及对你能力的评价。

也许你已经听过美国心理学家艾伯特·麦拉宾（Albert Mehrabian）的 55/38/7 法则。20 世纪 60 年代，麦拉宾深入研究了非语言交流的作用。一次实验中，他播放了一些学生朗诵的视频，有的学生充满激情，有的情绪低落，有的面无表情。观看视频后，测试者需要选出他们最喜欢的学生。结果显示，不是学生朗诵的内容，而是他们的语气和肢体动作对测试者的评价起到了决定性作用。因此，麦拉宾得出了以下公式：总体印象 = 55% 肢体动作 +38% 语气 +7% 内容。

此后，几乎所有与肢体语言相关的书和课程都会以上述公式为基础。要说这个公式把肢体语言送上了神坛，这难免夸张了些，但麦拉宾对这个公式如此流行也大吃一惊，毕竟他的初衷只是想把该公式限定在他研究的具体情境中。虽然不能忽视影响被感知能力的其他因素，但肢体语言的影响力无疑是非常大的。

## 能力展示TIPS

◎ 与交流对象保持 1.2 ~ 1.5 米的距离；

◎ 说话时，眼睛直视对方，但听对方说话时，不要看着他，且不要频繁眨眼睛；

◎ 不需要每时每刻保持微笑；

◎ 不要频繁地肢体接触，而是合理使用这一技巧；

◎ 站立的时候尽量与对方保持一点斜角；

◎ 女性保持稍微紧张的坐姿，男性保持稍微放松的坐姿；

◎ 挑座位的时候选择上席；

◎ 对于男性，身高有着决定性意义，因此要用一些办法显高；

◎ 展示你的热情，走动并做手势。

7

SEVEN

UBER ZEUGT!

反低调

第7章

# 外表就是你的品牌

两块完全相同的肉排，一块在维也纳帝国酒店纯银钟罩餐盘上，一块在街边小吃店的纸盘上，哪块更具吸引力？

我根据长相选择朋友，根据人品选择知己，根据智力选择对手。

## 良好的整体印象是关键

一百多年前，美国心理学家爱德华·李·桑代克（Edward Lee Thorndike）做了一个实验。该实验当时被认为毫无价值，后来却被证明有革命性意义。实验要求军官从体格、智力、纪律意识、领导力、忠诚度等方面对下属进行评价。桑代克发现，多数情况下，对同一个人各方面的评价总是呈正相关或负相关关系。也就是说，体格魁梧的下属会被认为很忠诚，聪明的下属会被认为有较强的领导力。因此，军官对下属的评价要么都是正面的，要么都是负面的。

事实上，体格、智力等不同方面之间毫无关系，所以评价结果并不能说明什么。桑代克把这个现象称为“心理评价的固定误差”。他通过这个实验解释了第 3 章提到的光环效应，即好消息有助于为宣布者留下好的整体印象，坏消息则相反。由于光环效应，少量线索就可以决定一个人的整体印象。

读中学时，你的学校里一定有各科全能的优等生，哪怕他们在某个学期表现得并不是特别出色，最后还是能得到老师的好评。学校里肯定也有显得呆笨的“榆木脑袋”，不管他实际表现如何，都无法改变老师长期以来对他根深蒂固的坏印象。老师并不是故意区别对待学生；相反，他们是“心理评价的固定误差”的受害者。同样，经验丰富的领导者也会只根据几个特征就对员工做出整体评价。

一个正面或负面的特点会影响一个人被感知的整体印象，当然也会进一步影响被感知的能力。这意味着，如果你在一个领域表现得优异，那么他人对你在其他领域的表现也会有很高的预期。这种“因素关联性路径”可以延伸很远。换句话说：与能力完全不相关的因素，如友好度、举止是否优雅等，也可以影响被感知的能力。

良好的整体印象至关重要，因此我们要特别注意保持友善、礼貌、体贴、优雅。此外，在第 2 章我们已经讨论过，人们会按照已有印象去评价一个人。如果领导对一名员工有好感，就会表现得非常友善，且对该员工保持这种好印象。如果领导一开始就对一名员工有偏见，他就会表现得不友好，且对该员工保持这种坏印象。也就是说，最初的好印象或坏印象会潜移默化地强化，且坏印象的影响力更强大，就像一位应聘者面试时穿着不得体带来的消极效应，比穿着得体带来的积极效应影响更大。所以，千万不要给他人留下坏印象！

每个人都可能给他人留下讨喜或不讨喜，迷人或不迷人，好或坏的印象。除了本章之前提到的因素，还有哪些因素对他人的评价起着决定性作用？你要如何让他人喜欢你或觉得你有魅力？利用本章即将阐述的技巧，你就可以有针对性地把与个人评价相关的标准做到最好，从而提高自己被感知的能力。

## 提升好感的三个要点

理性之路总要经过心灵。

——亚伯拉罕·林肯（Abraham Lincoln）

美国第 16 任总统

“扪心自问，还有什么愿望比想要被喜爱、被关注和被尊重更强烈？”

20 世纪最具影响力的社会心理学家爱德华·E. 琼斯（Edward E. Jones）数十年来一直在研究提高个人好感度的方法。他指出：“一两句恭维的话有助于增强其他自我表现技巧的效果。每个人都能使用一些小技巧让自己显得有实力，如果与此同时，我们还能获得他人的好感，就能提高他人对我们能力的评价。由于光环效应，比起不大受欢迎的人，有相同能力但更受欢迎的人更容易被认为有能力。”

其实，现实生活中，我们有一个简单易学且能提升好感度的技巧，即拍马屁。拍马屁虽然老套，却屡试不爽。应聘者在面试的时候说话讨巧，会让面试官觉得更有资质，从而被录用。说话好听的员工得到的评价更高，因此更容易被提拔，得到的薪水也更高。拍马屁的效果不仅能在“下级对上级”时体现出来，如果经理讨好他的同事和下属，也会显得更有说服力，提出的方案也能更好地被实施。

不过，你认为我会建议你每天不停地拍马屁吗？还是建议你每天对他人说“你长得真好看！”“你的点子太棒了！”“你太厉害了！”？不尽然，我想给你展示具体的研究成果，让你明白哪些技巧对提升好感度真的有效。让我们吃惊的是，尽管这些研究成果不需要实践就能得到，但在学术圈以外，它们几乎不为人知。

研究结果显示，能够提升好感度的 3 个关键技巧包括：

1. 恭维；

2. 意见相同；

3. 讨喜的自我表现。

## 恭　维

乔·吉拉德（Joe Girard）是吉尼斯世界纪录认可的“世界上最成功的的销售员”。吉拉德生于 1928 年，来自一个贫穷的西西里移民家庭。9 岁时，他开始给人擦鞋、送报，赚钱补贴家用。35 岁那年，为了生存，他走进了一家汽车经销店。入职的第一天，他就成功地推销出一辆车。3 年后，他以一年销售 1 425 辆汽车的成绩，打破了汽车销售的吉尼斯世界纪录。最终，他因销售汽车创下了 4 项吉尼斯世界纪录。

吉拉德成功的秘诀就是直接向客户展示自己对他们的敬仰。没错，就是毫不掩饰地恭维。每个月，他都会给客户寄卡片，卡片上只写“我爱你”。吉拉德很清楚，他的客户都知道这是纯粹的讨好行为，但这种行为就是有用。有研究为证：在一次实验中，一个人需要测试者的帮助，因此对测试者进行赞美，这明显是一种恭维的行为，但不管讨好者的赞美之词是否属实，他的好感度都因此得到了提升。在某些情况下，明显的恭维也不会让人觉得反感，因为我们就是有强烈被讨好的需求。

当目的性不那么强的时候，恭维的作用就更加明显。也就是说，在没有任何需求时讨好对方，并且是在非工作场合，那么，对方对你的好感度会提升得更多。社会心理学家琼斯称之为“积攒好感”。最理想的情况是，对方很早就从第三方口中得知你对他的赞美。如果第三方是对方的一个熟人，效果会更好。

恭维的理想开场白可以是“您可能一点儿也不想听，但是……”或者“我真的不想让您感到不愉快，但是……”。首先通过不好听的话降低对方的期望，然后再说恭维的话，这样更容易让对方接受，并且能够突出你话语的真实性。

此外，还应注意，恭维不要浮于表面，越有针对性，效果越好。只是简单地对同事说“干得漂亮！”，肯定没有“你把所有参与者都召集到了一起，并用清晰的论证说服了他们，简直太令人佩服了！”效果好。

我们不应该说一些非常牵强的恭维话，那完全是画蛇添足，只要向对方表达尊敬与真诚的欣赏就够了。美国作家拉尔夫·沃尔多·爱默生（Ralph Waldo Emerson）曾说：“我接触过的每个人都在某一方面比我做得好，我可以向他们学习。”

你要去发现身边的人的特殊才能，哪怕是发现对方有收集蝴蝶标本的特殊爱好，当你意识到他对这个爱好有多大的热情时，你就会对他产生敬意。

“Respect”（尊敬）一词由“re”（代表再次）和“spectare”组成，

意为“再次看看”。也许，第一眼你没有发现对方有什么特别之处，但再细看，你将有所发现。表现尊敬最好的办法不是只恭维对方，而是向对方寻求建议。“有一名员工经常迟到，我不知道怎样才能让他以后按时上班，您有这方面的经验吗？”哪怕你提出的是很常见的问题，对方也会因为你认真且尊敬的态度而高兴。戴尔·卡耐基（Dale Carnegie）在其 1936 年出版的著作《如何赢取友谊与影响他人》（*How to Win Friends and Influence People*）中，提到了西奥多·罗斯福（Theodore Roosevelt）的客人们惊叹于他渊博的学识，不管客人是外交官还是牛仔，罗斯福在与他们交谈时总是显得很专业。

其实，罗斯福有一个小秘诀：见面的前一天晚上，他会阅读相关书籍，了解第二天即将会面的客人的特点。如果对方感受到你对他有兴趣，那么他更容易和你成为朋友。罗斯福对此一清二楚，所有优秀的领导者对此也都明了。对他人感兴趣的人在两个月之内交到的朋友，比一心只想引起别人兴趣的人在两年内交到的朋友还要多。此外，如卡耐基在著作中所言，我们必须承认谈话对象更关心他自己，我们应该让对方知道，吸引我们注意力的是他个人本身。

不同于向他人提供帮助或送礼物，恭维不会让对方基于礼尚往来而产生必须回礼的压力，通过让对方感受到你的友善和热心，从而提升对方对你的好感度。

此外，还有一个不起眼的小技巧：模仿对方。交谈双方会在几分钟的接触后无意识地模仿对方，人们称这种情况为变色龙效应 。当你的仪态、措辞、语速甚至口音越来越像对方时，对方会提升对你的好感度。就像爱尔兰作家、著名的花花公子奥斯卡·王尔德所说："模仿是最诚挚的恭维。"

## 意见相同

尽管有许多赞美之词肯定了意见多元化的价值，但我们还是喜欢那些与我们意见相同的人。

意见相同是提升好感度的重要技巧之一，和其他技巧一样，我们不能表现得太刻意，因为人们擅长看穿这些技巧。目前，已有研究致力于找到掩饰这些技巧的方法，因为如果不加掩饰，我们会表现得像一个马屁精，导致最终取得与预期相反的效果。

我们可以直接表达赞同对方的意见，但更好的做法是，在对方还没提出自己的意见时，就把他的观点说出来。要做到这一点，琼斯的建议是：提前搜索资料或向其他人咨询，细致地了解对方的观点，然后就可以表达与对方观点相同的意见，且不显得刻意。

你不需要和对方永远保持意见一致，只需要在关键问题上观点一致。对于不重要的问题，意见不同也不会给我们带来负面影响。只要对方发现你和他有同样的价值观，他就会对你产生好感，并将好感扩散到其他方面。

有一点很重要，如果你与对方意见相同，一定要显得非常果断；如果你与对方意见不同，请表现出犹豫不定。你可以先表达出不同的意见，经过几分钟讨论后再让步："好吧，我被你说服了。"这比不假思索地表示赞同效果更好。这样做，你不仅最终和对方站在了同一阵营，还让对方认为你认真思考过他的观点。

注意，一定要小心"欺骗测验"（Deception Detection），即当我们与对方的意见相同时，对方可能会为了测验我们是否真诚而观点一百八十度大转弯，突然说出完全相反的意见。如果这时我们也马上改变立场，就会露出马脚，进而降低对方对我们的好感度。

通过"索卡尔事件"，我们可以看出意见相同的影响力。美国量子物理学家艾伦·索卡尔（Alan Sokal ）曾在知名文化研究杂志《社会文本》（*Social Text*）上发表了一篇名为《超越界线》（*Transgressing the Boundaries*）的文章。在那篇文章中，索卡尔故意制造了一些常识性的科学错误，但是，因为索卡尔阐述的后现代主义是杂志编辑所信奉的，所以文章经编辑们一致通过后被发表。该事件说明，只要你看起来与对方持相同意见，就可以获得对方的支持。

## 讨喜的自我表现

一个令人讨厌的人，就算不停地赞美别人，也不会因此赢得人心。因此，夸奖他人的同时还要美化自己的形象，这样才能起到赢得人心的效果。可喜的是，我们天生擅长美化自己的形象。在一次实验中，测试者被要求设法给搭档留下好印象。虽然没有事先准备，但几乎所有测试者都做到了。一般来说，我们知道如何让自己表现得更讨喜，即表现出友善、礼貌及谦虚（只在提到无关紧要的小缺点时）。

相似吸引理论阐述了共同性的重大作用，它的效果有目共睹。本书在第 3 章中提到过，美国心理学家罗伯特·西奥迪尼曾匿名到一家汽车店工作，研究传奇汽车销售员的销售技巧。据他揭秘，车店销售员接受的培训中包括如何准确地利用和客户的共同性。例如，如果销售员看到客户的后备厢里放着高尔夫球具，如果正好自己也打高尔夫球，那么在与客户交谈时，他一定要提到自己打高尔夫球的这个爱好。

理论和实践一致证明：年龄、政治意见或仅仅抽烟等细微的共同点，都可以提升彼此之间的好感度。共同性带来的好感在我们的观念里根深蒂固，因此你要不停地向对方展示，你们站在同一阵营，比如，说话时用“我们”代替“我”。同时，你也应该努力寻找自己与对方的共同点，比如打探对方的出生地、曾经就读的学校、生日、朋友等。

此外，你也一定要透露一些自己的信息，因为坦诚相待是产生好感和信任最重要的因素。你可以主动透露自己想去旅行的地方、最喜欢的菜系、正在读的书等信息，但注意不能涉及私密信息，不要把隐私当谈资。比如，聊自己的性事只会让人反感。当然，也不要提自己办砸了的事情，因为没有人想和失败者相处。此外，坦诚还有一个好处：我们可以更加了解对方，进而更准确地掌握对方的性格特征，由于我们总是会下意识地模仿对方，因此彼此的共同点就会增多，最终使得彼此的好感度得到提升。

遗憾的是，很多人难以做到坦诚相待，只有自信的人更愿意透露自己的信息。此外，在这点上还存在性别差异：一段时间的接触后，女性更愿意向喜欢的人袒露心扉，而男性则更愿意与信任的人分享信息。

研究成果与我们的常识是相吻合的。只要我们把这 3 个关键技巧牢记于心，就可以提升他人对我们的好感度，从而改善自己的人际关系。

此外，在当今社会，除了讨上司的欢心外，给平级及下属正面印象同样至关重要。这是因为基层员工在职场中扮演着重要的角色，而且我们本就应该重视所有员工对我们的评价。可喜的是，与平级或下属相处时，他们不会察觉到我们使用了这些讨好的技巧，所以这些技巧使用起来会更畅通无阻，并发挥出更明显的效果。

## 好看即正义？

有吸引力的人在任何地方都会受欢迎。

——约翰・沃尔夫冈・歌德（Johann Wolfgang Goethe）

德国著名思想家、作家

如果你认为只有现代人才追求美貌，那就大错特错了。早在石器时代，就有人用硫化铅混合炭灰制作黑色睫毛膏。在古希腊时期，执政官梭伦（Solon）就曾因化妆软膏太过热销而颁发了禁令；《圣经》（*Bible*）中也曾记载，摩西（Moses）在婴儿时期就有出众的相貌。尽管有人认为增强自身吸引力的强烈愿望是一种本能，但人类学家将它视为人类进入文明社会的第一个标志。

几乎每个心理学家都肯定了外表吸引力的积极作用，认为它对我们生活各方面的真正意义是完全无法估量的。如果你要求一个人对某个特定人物进行描述，不管是谁，都会从外表开始描述，因为外表是最显而易见的特征，而且与其他因素不同，它在整个互动中都是可见的。外表决定了第一印象，而第一印象又会对后面的印象造成影响。

与两性关系一样，外表吸引力在商业关系中也同样重要，而且当双方的性别不同时，外表吸引力的作用更显而易见。在非亲密关系中，比如对于两名异性恋男子，外表吸引力也是一个决定性的因素。外表吸引力不存在性别差异，男性和女性都认为外表更具吸引力的人更有能力，对长得帅气或漂亮的人的评价也比外表普通的人要高。

小孩更喜欢和漂亮的玩伴玩耍；父母偏爱长得好看的孩子；学生认为外表有魅力的老师更有能力；教师也对外表有吸引力的学生评价更高；医生会给予好看的病人更细致的诊断和更好的治疗；长得好看的人更容易获得陌生人的帮助；相貌好看的罪犯被惩罚的力度比不好看的轻；好看的雇员获得的薪水可以高出10%，且更容易被提拔；不论在美国、澳大利亚、芬兰还是德国，外表更迷人的政治家获得的选票明显更多。

一般情况下，一个人外形越好，就越容易让人觉得有说服力。出众的外表总是与成功联系在一起，而不吸引人的外表则与失败相联系。

如果问大家一个人的外表是否会影响对他的评价，得到的回答肯定是否定的，但是，稍加测试就会发现，人们确实将一个人的外表与性格特征联系到了一起，而且外表吸引力的影响在长期接触后也不会减弱。

外表有吸引力的人更容易被赋予正面评价，被认为更聪明、更讨人喜欢、更幽默而且更有能力。外表没有吸引力的人更容易被赋予负面评价，被认为更愚蠢、更令人讨厌、更呆板而且更没有能力。外表越有吸引力，对自身的影响越积极，或更简单地说，好看即正义。此外，外表吸引力对男性的影响更大。

难道只有像超模一样拥有出众的外表，才能赢得人心？在一次实验中，测试者需要对多名牙医的能力和可信度做出评价。如预测的一样，外表更具吸引力的牙医获得的评价普遍更高。然而，特别好看的牙医比外表一般的牙医获得的评价更低。这是因为测试者会意识到特别好看的牙医的美，进而产生警惕性。只有对方美得不那么明显时，外表吸引力效应才会真正起作用。适当的吸引力对被感知的能力有积极作用，但吸引力太强就会适得其反。因此，我们不必像超模一样美，就能赢得人心。

每年，人们在化妆品或整容方面的消费高达几十亿美元，大家都在努力提升自己的外表吸引力，但没有人知道是什么因素真正决定了外表吸引力的大小，当你知道答案时，就可以迅速增强自己的外表吸引力了。

## 影响外表吸引力的两大因素

真正的美人是有目共睹的。

——贾科莫·卡萨诺瓦（Giacomo Casanova）

18 世纪享誉欧洲的大情圣

在一次实验中，工作人员向测试者展示了两位美国参议院候选人的照片，每张照片只展示几秒钟，然后让测试者选出他觉得更有能力的候选人。最终，在实际竞选中赢得了 70% 的选票的候选人，和测试者在几秒钟内通过看照片选出来的是同一个人。测试者根据几秒钟观察得出的结果，竟然与长达数月的竞选结果如此一致。这是为什么呢？毋庸置疑，人们都习惯于通过外表来评判他人的能力。

虽然每个人对美的评判标准都有所不同，但当前普遍的观点是：

评价男性时，长相是最重要的因素，身材（体重与比例）紧随其后。

评价女性时则相反，身材比长相更重要。

## 长　相

列奥纳多·达·芬奇（Leonardo da Vinci）认为，美与比例有关。因此，他在画人脸时严格遵照一定的比例。

虽然现代心理学并没有采用“面部公式”，但有一个广为流传的简单理论，即“平均之美”。两位美国心理学家朱迪思·朗格卢瓦（Judith Langlois）和洛丽·罗格曼（Lori Roggman）曾使用计算机以大量人脸为素材合成出了一张脸。通过调查问卷，他们发现这张合成脸比素材中的每张人脸都更吸引人。同样，在19世纪，自然科学家弗朗西斯·高尔顿（Francis Galton）也曾将多张人脸在底片上叠加，得到了一张更有吸引力的“平均脸”。

对于“平均脸”更具吸引力这一结果，有许多不同的解释，有人说是因为它看起来稳定无害，也有人认为是因为它给人更放松的感觉，还有人说是因为“平均脸”有完美无瑕的皮肤。德国心理学家马丁·葛伦德（Martin Gruendl）经过深入研究，最终得出了结论：完美无瑕的皮肤是它具有吸引力的最主要的原因，此外，它并没有特别吸引人，只是一张还不错的脸。换句话说，“平均脸”只是不丑，而不是特别美。

一般情况下，长相漂亮的人的五官都不会非常完美，比如茱莉亚·罗伯茨（Julia Robert）就有一张大嘴。在葛伦德的研究中，评价最高的面孔是由最开始评选出的 8 张吸引人的脸合成的，而不是由无数张人脸合成的“平均脸”。葛伦德将这一现象称为“拉斐尔效应”,因为画家拉斐尔（Raffael）的作品《嘉拉提亚的凯旋》（*The nymph Galatea*）也体现出了平衡之美。

与大众普遍的认知不同，面部的对称性对吸引力没有影响。虽然极度不对称的脸确实会被认为不好看，但大众对对称性的要求并不是很高。大部分人的右脸都比左脸大,对此我们已经习惯了。如果对称性是决定吸引力的重要因素，那么偏分发型的人都要改成中分了，那将是多么诡异的景象。

另一个广为流传的理论是“两性异形理论”。按照这种理论，女性特征明显的女性面部更有吸引力，男性特性明显的男性面部则相反。即如果女性面部有饱满的嘴唇等典型的女性特征，她就会更吸引人；但如果男性有薄唇等典型的男性特征，他的吸引力则会降低。男性女相反而更有吸引力。

瑞士动物学家康拉德・劳伦兹（Konrad Lorenz）提出的“婴儿图式”包含着更多典型的婴儿特征：相对饱满的额头，圆脸，圆眼睛，小嘴巴。有实验通过计算机将人脸按照婴儿图式进行了调整,验证了带有婴儿特征会提高吸引力这一假设,但只针对女性。符合婴儿图式的男性面孔（尤其是有圆眼睛这一特征）会显得更没有吸引力，因为这会使男性看起来没有气场，而强大的气场是男性具有吸引力的一个重要因素。

那么，认为符合婴儿图式的女性更具吸引力的人是有变相的恋童癖吗？实际上，婴儿图式中使女性吸引力增强的并不是婴儿特征，而是显年轻的特征。小嘴巴和圆眼睛等婴儿特征放在女性的脸上并不吸引人，显年轻才是增强女性吸引力的主要原因。为什么年轻女性更具吸引力？我们不能像女权主义者假设的那样，仅通过女性吸引力和年轻外表之间的关系，就断言是因为男性更喜欢比自己弱小且更易控制的女性。更可能的原因是，女性一生中适合生育的时间段相对较短，年轻女性孕育更多后代的概率更大。所以，在终身制婚姻的文化中，年轻女性更受欢迎。

针对具有吸引力的面孔特征，葛伦德做出了最好的总结："一张脸之所以吸引人，是因为它有大部分吸引人的脸所拥有的特征，以及较少不吸引人的脸所拥有的特征。"换句话说：如果一张脸吸引人的特征比不吸引人的特征多，那么这张脸就是吸引人的。至于具体有哪些特征，葛伦德也进行了进一步的研究。最后，他针对女性和男性，分别得出了以下结论：

对于女性，具有吸引力的面孔有以下特征：

◎ 深邃狭长的眼睛，且没有黑眼圈；

◎ 浓密纤长的睫毛；

◎高颧骨；

◎长鼻子；

◎饱满滋润的嘴唇；

◎颀长的脖子；

◎消瘦的长形脸；

◎光滑无瑕的皮肤；

◎健康的肤色。

对于男性，具有吸引力的面孔有以下特征：

◎浓密的眉毛和睫毛；

◎高颧骨；

◎没有法令纹；

◎饱满对称的嘴唇；

◎有特色的下颌和下巴；

◎颀长的脖子；

◎不太靠后的发际线；

◎消瘦的长形脸，且上半部分比下半部分宽；

◎光滑无瑕的皮肤；

◎健康的肤色。

女士们可以通过化妆遮盖黑眼圈或突出颧骨，来让自己看起来更有魅力，男士们则可以通过一些办法去除法令纹。另外，浓密的眉毛和睫毛、光滑的小麦色皮肤等影响因素也是可以轻松控制的，我们不需要太费精力就可以拥有这些特征。

此外，还有两个需要注意的细节：人们首先会对面部进行整体评价，然后才会注意到眼睛和嘴巴，相比之下，鼻子并不重要。其次，发色也会影响吸引力。对于女性，金发代表了魅力，黑发则代表了智慧，因此黑发更能提高被感知的能力。对于男性，这一评价标准则有所不同，金发男性给人一种友善的印象，却没有魅力。但与黑发女性一样，黑发男性则显得更聪明，因而更吸引人。

当然，时尚元素总是在改变，例如弯眉在 20 世纪中期风靡一时，而现在平眉更受青睐。针对男性，人们对胡须的评价也随着时间的推移而有所改变，但通常情况下，留胡须的男性被认为更强壮。

戴眼镜通常会降低吸引力，可为什么戴眼镜会显得更有能力呢？ 20 世纪 40 年代的一个实验显示，根据照片印象对智商进行评价，戴眼镜的人比不戴眼镜的人的智商高出 14 个单位。面对面接触时，戴眼镜的人给他人的第一印象确实也会更聪明一些，但几分钟后，是否戴眼镜就对智商评价没有影响了。因此，只推荐在短暂接触的时候利用眼镜来提高评价。

美丽是需要被发现的。大致了解这些真正能影响到他人对你评价的因素后，你就知道自己应该朝哪个方向努力了。至于具体怎么操作，则需要你自己衡量。

## 身 材

在很长一段时间内，肥胖曾经是富裕的特征，而时至今日，虽然贫困国家依旧保持着此种观念，但西方国家普遍认为胖子往往都是穷人。瑞典心理学家马尔特·安德松（Malte Andersson）在研究了 62 个国家后发现，物资不匮乏的国家都以瘦为美。

当下，学界甚至发展了一系列衡量身材标准的指数，比如身体质量指数（以下简称 BMI）、腰臀比（以下简称 WHR）和腰胸比（以下简称 WCR）等，这些指数都是互相关联的。

对于男性而言，WCR 是影响吸引力最关键的指数。众所周知的倒三角身材有着纤细的腰身与宽厚的肩膀，因此十分迷人。随着时代的发展，越来越多的男性开始追求肌肉之美。当然，我们也应该注意到文化差异。

在中国，理想的男性形象不需要像美国男性那样浑身肌肉。而在瑞士，理想的男性形象比英国男性要求更多肌肉。除此之外，男性的 BMI 也非常重要。身材匀称，即 BMI（体重除以身高的平方）

处于 18.5 ~ 24.9 的男士最为迷人，超重或太瘦都不行。

对于女性而言，WHR 对自身吸引力的影响最大，BMI 紧随其后。美国得克萨斯大学心理学家德文德拉·辛格（Devendra Singh）在分析了 20 世纪 20 年代到 80 年代的美国小姐冠军后，发现大众认可的最完美的形象并没有随着时间的变化而改变。

总体来说，男性的身材比例比胖瘦更重要。当一个男人有了较好的身材比例，就不需要再通过减肥来提高吸引力。女性则相反，苗条比身材比例更重要。

现在你已经了解了影响吸引力的关键因素，也因此明白注重外表并不是浮华的表现。此外，你也知道了吸引力对被感知能力的影响。最重要的是，你不会因为缺乏了解而将时间和精力都放在完全不能提高吸引力的因素上。

我们发现了一个有趣的现象：不近不远的距离，比如双方保持 1.5 米的距离时，吸引力的作用最小；当距离很近时，吸引力能起到大作用，这不足为奇；奇怪的是，当相隔距离超过 2.5 米时，吸引力的作用同样非常明显。

研究发现，年轻时吸引力不强的女性到了 40 岁比大学时代魅力无限的女性更幸福，所以不论是从客观上还是主观上来说，如果你认为自己毫无吸引力，你都可以因此得到安慰。个人的幸福感总是通过将现在与过去相比较而得出，所以，曾因美貌受人追捧，而后年老色衰、无人问津的人更容易跌入不幸的深渊。相较之下，年轻时外貌不出众的女性反倒因平凡的相貌而更容易满足，因为她们比较的标准更低。对比相貌的吸引力大小，个人的幸福感更重要。男性同样如此。

相貌不出众的人虽然在吸引力上没有优势，但有一点他们可以得到慰藉：在应聘时，如果面试官认为应聘者早晚会在公司成为自己的竞争对手，那么他们更倾向于录用相貌普通的应聘者。

然而，正如前文所说，“好看即正义”在某种程度上总是对的，外表吸引力和真实能力之间确实有联系。首先，知道利用美貌带来的好处就是有能力的表现。如美国心理学家莱斯利·泽布罗维茨（Leslie Zebrowitz）所言，聪明的人总会有办法提高自己的吸引力。此外，有魅力的人会被周围的人友善对待，他们会得到大量关照，人们愿意信任他们。因此，他们会因为外形的优点而在成长过程中一直保持自信，这对被感知的能力有积极影响。被生活善待的人，往往生活地更加积极向上。

还有些科学家认为：外表出众的人之所以更加聪明，是因为有能力的男人获得成功的概率更大，也更有可能抱得美人归，而他们的孩子同样也会既好看又聪明。所以，外表吸引力和能力很容易被联系在一起。

## 招人喜欢也是实力

本章内容绝对不是你第一眼看到的那样浅显。长期以来大行其道的一种观点就是，能力和好感度水火不容，也就是说，好感度低的人看起来更有能力，没有能力的人更讨人喜欢。换句话说：能力强和好感度高这两种特质不会出现在同一个人身上。然而有研究发现，由于光环作用的强大影响，讨人喜欢的人会让人觉得有能力，反过来，能力强也能提升好感度。

我们都喜欢电影中天赋异禀的怪人，他们不喜欢和别人说话，非常自我。但如果在现实生活中遇到这种人，你会认为他们一点也不讨喜，毫无吸引力，并且不愿意与他们打交道。或许，只有当他们真的是旷世奇才时，你才会愿意主动接近他们。决定我们是否愿意和一个人打交道的主要因素，就是对方的好感度和吸引力。因为光环效应，这两个因素能给我们带来非常大的好处，对各个方面都产生积极影响，当然也能提高我们被感知的能力。

我们更愿意信任有魅力且讨人喜欢的人，即使我们知道对方（比如销售员）只是出于利益考虑，我们也无法抗拒。而当我们与不讨喜、没有吸引力的人打交道时，我们会在潜意识中拒绝被对方说服。

如果你无法利用上述提高吸引力和好感度的方法来提高被感

知的能力，你也可以在知道这些知识后，间接得到好处。在安排员工岗位时，因为好感度和吸引力的效应无处不在，几乎能影响到员工接触的所有人，因此你可以将特别讨喜且有吸引力的员工安排到“面向客户”的岗位。电视及互联网等可视化媒体，强化了好感度高和吸引力大这两个特征带来的好处，因此，你可以派合适的员工在这些媒体上宣传公司。

有研究发现，人们对于一个人的有用信息了解得越少，他的好感度和吸引力对他被感知的能力的影响就越大。该研究人员建议，参加选举的党派应该在投票人对竞选者和政治内容知之甚少的地方，派外表出众的代表参与竞选。因为在这种情况下，投票人只能根据竞选者的好感度和吸引力做投票决定。同样，当员工接待一知半解的顾客时，也是如此。

光环效应的影响力再一次让人震惊。如果一家餐馆曾被评为“健康餐馆”，如美国的快餐连锁店赛百味（SUBWAY），那么人们就倾向于相信这家餐馆里的所有菜品都比较健康。如果你给人既讨喜又迷人的印象，那么他人对你的任何方面都会有积极评价，而且你会因为这种被感知的能力让人信服。

## 能力展示TIPS

◎ 夸奖时应有针对性且欲扬先抑；

◎ 表示尊敬和真切的关注，并向对方寻求建议；

◎ 谈论对方关心的话题；

◎ 模仿对方；

◎ 协调体态、措辞及语速；

◎ 对于重要的事情，在对方表态之前就说出对方的观点；

◎ 意见相同时，应坚定自己的立场；如果意见不同，应该表现出犹豫不决；

◎ 意见不同时，先表现出犹豫不决，然后表现出被对方说服；

◎ 表现出你与对方所有的共同点；

◎ 透露个人信息，坦诚相待；

- ◎ 注意关键特征（浓密的眉毛和睫毛，光滑无瑕的小麦色皮肤等）；
- ◎ 对于男性，长相比身材重要，身材比例比胖瘦重要；
- ◎ 对于女性，身材比长相重要，苗条比身材比例重要。

8

EIGHT

UBERZEUGT!

反低调

第8章

# 成为一个有身份的人

如果你在一个领域表现得优异，那么他人对你在其他领域的表现也会有很高的预期。同样，如果你给他人留下讨喜的整体印象，就会在方方面面都得到一致好评。

看起来有功绩的人比实际有功绩的人更容易得到奖励。

## “挡道”的豪车

只要完成了基础教育，你就可以成为一名咨询顾问。咨询顾问与审计、医生、律师等职业不同，它不需要大学文凭，因为专业知识对它的实际工作并不重要。也就是说，咨询顾问的入职门槛并不高。那么，咨询顾问如何才能得到他人的赏识且获得高薪呢？

牛津大学学者克里斯·麦克纳（Chris McKenna）认为咨询顾问是世界上“最新鲜”的职业，这个职业兴起之初就有意模仿其他高端职业的行事风格。最初，咨询顾问扮演“医生”的角色，言行举止都套用医生的风格，目的就是为了给自己披上科学严谨的外衣，并给他人像医生一样谨慎认真的印象。然而，曾长期担任麦肯锡咨询公司董事长的马文·鲍尔（Marvin Bower）认为，咨询顾问模仿医生并将客户当作“生病的企业”的做法毫无必要。

曾当过律师的他认为，咨询顾问应该学习其他行业的知识，去工厂视察时应该像工程师一样专业，日常工作时应该像审计师一样严谨。然而，对咨询顾问而言，最重要的是获得像律师一样崇高的地位，因为只有拥有高地位，客户才会信任你的能力，且愿意支付高额报酬。此外，这种高地位还能打开你通往公司最高层的通道。麦肯锡曾这样宣传自己：最大的律师事务所对于法律问题处理的重要性，就是我们对于管理问题处理的重要性。这种做法确实行之有效，它不仅使麦肯锡获得了成功，还提升了咨询行业的整体地位。如今，咨询顾问享有和律师一样的地位。但是，我们真的可以轻而易举地获得高地位吗？

1968 年，美国心理学家安东尼・杜卜（Anthony Doob）和阿兰・葛洛斯（Alan Gross）曾进行过一次著名的实验：为了验证不同的身份是否会对人们的行为产生影响，他们分别把一辆豪华车和一辆老旧的破车停在红灯前，挡住后面的车，且直到绿灯亮了也不开走，然后观察在后面等待的车主的反应。结果不出他们所料，如果是老旧的破车，后面的车主都非常不友善，几乎所有车主都按了喇叭，甚至还有车直接撞上了实验车的保险杠。而豪华车的待遇则完全不同，虽然后面的车主有一半按响了喇叭，但他们还是在耐心等待，直到实验车在下一个红灯再次亮起之前开走。

这个实验的重大意义在于——在我们并没有意识到被感知的身份会对我们会产生影响的情况下，被感知的身份越高，越容易获得尊重。

同样，我们也可以通过臭名昭著的米尔格伦实验看出，高身份的权威者如何影响了人们的行为。实验中，一位辅助实验的科学家要求参与者对其他参与者施以电击。虽然知道电击会产生危害，但大多数参与者还是服从了命令。

身份地位会对生活的方方面面产生影响，这一现象被称为地位概化（Status Generalization）。也就是说，我们的职业身份会影响我们在社会中的身份地位，例如处于医生等较高地位的职场人士在其他领域会有更多的话语权。

通常，身份越高，一个人的影响力就越大，同时也就有更多的追随者。而且，更高的身份意味着更权威、更受人尊敬及更容易被信任，当然也更有利于提高被感知的能力。通过研究不同的身份象征对被感知的能力的影响力大小，我们得出了下列排序：

1. 公务车
2. 私人助手
3. 名片头衔
4. 差旅费预算

5. 航空贵宾卡

6. 公司信用

7. 办公室陈设

还有一些重要的身份象征：公务住房、员工折扣、公司幼儿园、健身房免费会员资格等。

由此，我们得知了可以有效提高他人对我们能力评价的身份象征，但除了拥有这些货真价实的身份象征，我们还有其他技巧可以提高被感知的身份，从而提高我们被感知的能力。

## 身份标识：注意你的着装

我在豪华酒店的大堂时，喜欢观察走进来的人会被接待员怎样对待。有的人会被谨慎打量，有的人则会被笑脸相迎。我发现受到热情对待的人并不一定大有来头，甚至不是酒店的客人，他们的共同点是着装得体、举止彬彬有礼。

法国社会学家皮埃尔·布尔迪厄（Pierre Bourdieu）把一个人的外表和举止概括为习性。由于我们习惯在匆匆几眼后就根据一个人的习性判断他的身份，所以习性对被感知的身份的影响最大，对被感知的能力的影响也最大。虽然英语谚语说“培养出一个绅士需要三代人的时间”，但不要担心，这个过程绝对可以加速。首先我们要做的就是改变自己的着装和行为，因为如果我们的着装看起来像底层人民，行为看起来像没有受过高等教育的人，那么我们被感知的身份和被感知的能力都会直线下降。

由此我们知道：培养一个好习性至关重要。

曾有一个实验：工作人员在街上闯红灯，一次穿着随意普通，另一次穿着正式优雅。结果显示，穿着正式优雅时，跟随工作人员一起闯红灯的人明显更多。另一个实验如下：工作人员扮演想在电话亭打电话却忘记带零钱的人，与上一个实验类似，一次他着装略显邋遢，另一次着装精致考究。结果显示，着装精致考究时，有更多人愿意借钱给工作人员。

着装对被感知的身份有着明显影响。例如，看到某人挂满军衔和奖章的制服，我们会认为对方是一名优秀的军官。通过其他职业特征不明显的服装，我们也可以从细节感知着装者的身份。虽然现今社会不再要求大家统一着装，根据个人喜好选择服装的方式使我们无法轻易看出对方的真实身份，但白大褂、优雅的洋装、平整的西服等服装还是能为我们感知对方身份提供一些明显的线索。着装就是这样影响被感知的身份和能力的。

毫无疑问，大部分人都清楚得体的着装能给人留下更好的印象。我们也确实一直有意识地根据不同场合选择不同的服装，严肃的场合我们会穿得很正式，轻松的场合我们则会穿得较为休闲。

观察你现在的着装，你的衣服是经过慎重选择的吗？这里有一项研究：研究人员随机采访街头的行人，调查他们为何会选择当天所穿的衣服。结果表明，他们并不是根据自己喜欢的穿衣风格或舒适度，而是根据预测要出席的场合来决定自己的穿着。

讨论着装时，外表吸引力不是我们关注的重点，但如果把二者放在一起比较，外表吸引力反而没有着装对被感知的能力的影响大。对于女性而言，不论职位高低，不得体的着装都会降低自己的能力评价。

选择服装时，你首先要考虑如何才能提高对方对你能力的评价。正如一句美国谚语所说：“不要穿符合你身份地位的衣服，而要穿符合你想被感知的身份地位的衣服。”最初，麦肯锡的咨询顾问模仿律师的穿衣风格，正是按照他们想要得到的身份地位装扮自己。其次，你也需要细致的观察力，避免让自己的打扮显得过于夸张。

此外，好衣品绝对不是由金钱决定的，一套合身的西服也并不一定会十分昂贵。进入工业化大生产时代，我们不用花费太多钱就能打造一个属于自己的衣帽间，还能根据自己的体型修改成衣，让自己的着装更合身、更得体。此外，少量考究得体的服装肯定比一堆廉价服装要好。当我们讨论着装时，服装绝对不是越华丽越好，而是应该适合自己，以及你所在的环境。

当然，不同环境对着装的要求不同，但不管是保守的旧企业还是新兴的创业公司，对着装都有不成文的要求，只有符合要求，你才会被自身所在的群体接受，并提高自己被感知的身份。就像从事创造性工作的人可以不打领带，但着装不能过于死板和陈旧；在政治岗位上的人衣着可以不华丽，但是质量和裁剪必须一流。

1959 年，马文·鲍尔曾对他手下的咨询顾问说："我们公司高层管理人员的个人形象对公司声誉有重大影响，甚至比客户对我们的认可更重要。而我们形象的好坏，最终是由无数小细节决定的。举个例子，一位英国的高级经理人曾说，他觉得你们都非常优秀且容易相处。究其原因，只是因为你们都戴着经典款领带。"

聪明的工作人员知道，签合同时最好使用精致的钢笔，而不是廉价的圆珠笔。私人银行家明白，除了素净的文件夹，他还需要真皮文件袋。环顾自己工作桌，你所使用的文具等物品是你谨慎挑选的精品，还是随便采购的廉价玩意儿？思考一下，如果一名师傅上门修热水器，当他出现时，你看到他手里提着旧工具箱，箱子里放着一堆破烂的工具和旧零件，你还会信任他的能力吗？同样，你在工作中用到的物品也是他人评价你能力的线索。

## 红跑鞋效应

你了解史蒂夫·乔布斯和马克·扎克伯格(Mark Zuckerberg)的着装风格吗?看到乔布斯穿牛仔裤和黑色高领毛衣,扎克伯格穿人字拖出现在重要会议场合的时候,大家对他们的能力的评价会降低吗?

一项研究发现,有出版过大量作品的知名科学家在专业会议上倾向于选择非常随意的着装,人们称这种现象为"红跑鞋效应",即身居高位的人可以通过与众不同的穿着进一步凸显自己,从而提高身份并直接带来更高的能力评价。

其中最重要的前提是此人早已身居高位,比如是业内公认的专家或公司创始人。此外,有一点必须明确,即我们是故意打破常规。如果你是由于一时疏忽,或是想表达自己的独特性而这样做了,那么你只会显得既愚蠢又尴尬。例如,一名实习生在正式场合把领带当围巾用,大家就会认为他很傻。而同样的行为如果发生在一个百万级的创业公司的创始人身上,却可以提高其被感知的能力。

通常,我们可以通过着装表示对他人的尊重或对某个场合的重视。就像我们不会穿 T 恤去见客户,不会随便穿件毛衣就去参加别人的婚礼。同样,着装也可以在某种程度上展现一个人的工作态度，穿着不得体的员工迟到及旷工的频率更高。

此外，还有研究调查了人们对文身这一特立独行的行为的看法。结果显示：尤其针对较年长的人，文身会降低你的威慑力，对被感知的能力产生负面影响。

## “虐待”你的客户

每个人的身份地位都可以通过人际交往体现出来，正如非语言交流那一章提到的，肢体语言和身高都对被感知的身份地位有明显的影响。语言沟通那一章我也提到了正确发音、规范语言、适宜的发音频率及 Powertalking 的积极作用，但是，只是清晰地把内容表达出来还不够，我们还要把谈话内容引向自己熟知且对方未知的领域，然后就可以通过专业知识来凸显自己的身份。

与他人互动时，你在提出问题后，不应该喋喋不休，而应该选择沉默，沉默是展现自信和控制力的理想方式。此外，由于对方不知道接下来还会发生什么，沉默会让他感到不安，在他完全无法忍受这种寂静无声的气氛时，你就可以试探出更多信息。

更机智的做法是赞赏对方，不论是上级对下属还是下属对上级，或是平级之间，赞赏都是一种有利于提升我们身份地位的方式，因此，尽管赞美你客户的办公室装修风格，夸奖你同事在会议上的发言。但要注意的是，避免过于夸张的表扬，你需要细心收集信息，找到对方值得夸奖的地方。奖章是赞赏的实际形式，拿破仑（Napoleon）曾经评价："奖章就是一个小玩意儿，是个毫无用处的东西！……但是凭借这个小玩意儿，我却可以领导人民。"

此外，就像参与时事辩论是不明智的行为，你也不应该卷入不必要的争吵，争吵只会显得自己心胸狭隘。相反，你应该扮演和事佬的角色。

当同事在会议中发生争执时，你应该提出折中的解决办法，让争执双方化干戈为玉帛。曾有照片记录了比尔·克林顿（Bill Clinton）鼓励希蒙·佩雷斯（Shimon Peres）与亚西尔·阿拉法特（Yasser Arafat）握手言和的情景，而这也最终成了克林顿执政生涯中最经典的一幕，奠定了克林顿不可撼动的历史地位。

19 世纪 50 年代曾有一个经典实验：数位女性受邀参加一场关于性生活的讨论会，但在讨论之前，她们必须毫不犹豫地朗读一段描写情色片段的文字，也就是参加一场"尴尬测试"。虽然她们被告知这个测试有助于接下来的讨论，但在那个保守的年代，这仍不是一件轻而易举的事。讨论环节结束后，组织者要求她们对测试和讨论会做出评价。评价结果显示：对测试内容感到更尴尬的女性，她们对讨论会的评价更高。

大约 10 年后，研究人员又进行了一次类似的实验。由于大家已经不再谈性色变，所以参与者必须通过电击测试才能加入讨论会。实验结果表明，电击强度直接影响了参与者对讨论会的评价。电击强度越大，参与者认为讨论会越有意思。由此我们知道，兄弟联谊会或武装组织的入会仪式并不只是单纯的野蛮形式，严格的入会标准会让会员身份更有价值，从而使会员们对组织更忠诚、更投入。

实际上，人们往往更加重视自己花费了心血的事物，这能给我们的现实生活带来什么启示呢？就像《哈佛商业评论》(*Harvard Business Review*）上曾发表的观点："虐待"你的客户，他们会很享受。这并不是启示我们对客户采取粗暴的电击手段，而是告诉我们要避免谄媚，不用急着把电子邮箱、办公室电话、私人电话等信息告诉对方，回电话和邮件也不要太迅速。

如果想要促使一场谈判成功，那就邀请对方到你这儿来。被拜访的人往往具有更高的被感知的地位，就像酒保的地位看起来比服务员的地位更高一样，因为我们会主动去吧台找酒保，而服务员总是主动跑到我们面前等待我们点餐。当然，在使用这个技巧的时候，我们需要细致的观察力，注意掌握分寸，不要太过放肆以至于触碰到对方的底线，从而给对方留下糟糕透顶的印象。

## 美化教育背景

一位名叫乌尔里希・冯・纽瑞斯（Ulrich von Neureuth）的男子被判了 4 年监禁，因为他在下萨克森州创立了一间教会大学，法庭对这所学校的师资力量做出了如下评价：科学顾问团队成员的真实身份是妓女；教会法教授的真实身份是皮条客，他曾因协助妓女而受到处罚；神学教授曾从事秘书工作；大学创始人乌尔里希・冯・纽瑞斯则身兼数职，既是大学校长，又是下萨克森和巴伐利亚的主教。当然，纽瑞斯的这些头衔及其教会大学都是伪造而来的。

全世界每年都有许多伪造学历和头衔的人到处招摇撞骗，他们之所以能成功得逞，不仅是因为受骗者的虚荣心作祟，还是因为虚假学历和头衔提高了他们被感知的能力。时事评论员霍斯特・拜罗（Horst Biallo）认为：获得博士学位的律师、记者和税务顾问等，通常被认为比没有获得该学位的同行更有能力。而更大的名气意味着更多的业务和更高的收入。

拜罗的观点最终获得了一项研究的证实。不管是哪个专业，博士学位在任何行业都是能力的证明。一个法学博士即便去当汽车销售员，他的地位也会自动提升，人们对他能力的评价也明显高于其他人。实际上，拥有博士学位的人在起薪上就和其他人有明显的差别。对于管理岗位，根据行业的不同，拥有博士学位的人的薪资最多可以比同职位的人高出 32%。此外，MBA 学历在当今社会也有重大意义。

除了学术头衔，职位头衔也非常重要。在一些看重身份地位的国家，比如中国，双语名片早就屡见不鲜。印一张写有“PR Department Manager”和“公关总监”的双语名片一点也不麻烦，却可以大大提高名片所有人被感知的能力。理解这一点的人，通常会很乐意给员工一些头衔，比如布伦瑞克公关公司新职员的头衔不是“助理”，而是“业务经理”。

毕业证书和专业证书也是评价一个人是否专业的客观证明。美国人在这一点上毫不扭捏，我甚至见过他们用镶金红木边框装裱自己的小学毕业证书。作为一个毫不含蓄的欧洲人，我虽然觉得这种行为过于夸张，但它确实能有效提高被感知的能力。我有一位拥有剑桥大学硕士学位的朋友也是如此，她郑重其事地装裱了自己的硕士毕业证书。

你的商业伙伴不会凭感觉猜测你的资质，也不一定需要客观线索才能估计你的能力。他们拜访你的时候，其实期望看到和你能力及地位有关的信息，所以不要拒绝用学位证书、专业证书或其他奖章装饰你的办公室。试想一下，当你发现一家餐厅的入口处挂着最高评价的图章或者看到理发沙龙里的奖杯和证书时，你一定不会怀疑餐厅厨师或理发师的能力吧。

“要么发表要么发臭”（Publish or Perish），这个说法适用于年轻的科研人员。对他们而言，若想获得专家级的声望，发表文章就是最好的办法，因为出版的文字有巨大的影响力。当然，这个说法的适用范围也不仅限于此，它同时适用于各个领域。不管是在书籍、报刊专栏还是在个人博客上发表文章，你都有可能快速成为大众眼中的专业人士。幸运的是，在信息时代，我们能够更便捷地对自己的专业领域发表意见了。建筑家可以发表房屋施工注意事项的小贴士，法律从业人员则可以给出法律建议。

德国文学研究专家迪特里希·施万尼茨（Dietrich Schwanitz）建议我们在美化教育背景时，不应该仅限于学习某一个专业的知识。当然，自然科学家这一职业不在考虑范围。如果你是一名自然科学家，你可以坦率地承认对化学或物理一窍不通，这并不会让你的权威性受损。但是对于大多数职业的从业人员，尤其是文学、哲学和政治，熟知各种专业知识是美化教育背景的指南针。

一旦你暴露了自己小市民般的粗鲁习性，就很难再获得他人的信任，哪怕再用看过《歌德全集》（*Goethe das Register Zum Gesamtwerk*）来粉饰自己也无济于事。但是，如果你真的读了歌德的作品，你一定能洞察受过良好教育的群体的说话方式及思考方式，而且可以声称，自己曾与伟大的诗人及思想家有过交流。

施万尼茨认为，利用经典小说陶冶情操，人们就可以在美化自己教育背景的同时提升自己的文学修养。此外，施万尼茨还毫不犹豫地建议年轻的文学研究人员在享受文学作品时，不要仅限于知名的作品，也要涉猎无人问津的作品。他特别提到罗伯特·穆齐尔（Robert Musils）的作品——《没有个性的人》（*Der Mann ohne Eigenschaften*）。施万尼茨表示，穆齐尔的作品塑造了他的文学城堡，他因此可以对任何不知名的作家发表意见，也可以参与对知名作家如卡夫卡（Kafka）的讨论。

## 向名人“借光”

当我还是一名中学生时，曾偶遇昆汀·塔伦蒂诺（Quentin Tarantino）导演，所以我有一张和他的合影。虽然这张照片很快就变得皱巴巴的，却让我获得了许多朋友的钦佩，甚至比我多年苦心经营人际关系的效果更好。

美国心理学家罗伯特·西奥迪尼与跨世纪的建筑大师弗兰克·劳埃德·赖特（Frank Lloyd Wright）出生于同一个城市。罗伯特曾说，这个简单的事实给他带来了很多好处。举个类似的例子，德国心理学家汉斯-迪特·穆门德（Hans-Dieter Mummendey）曾表示，在纽约举办的心理专业会议上，没有人因为他对会议的贡献而关注他，却因为他在开会期间住的酒店遇见了电影明星伍迪·艾伦（Woody Allen）而开始对他感兴趣。

难道罗伯特、穆门德和我真的因为那些名人，而使自己的能力得到提升了吗?

当一个人和知名人士有所关联时，他的身份地位和光环效应会一起发挥作用，人们把这种现象称为狐假虎威（Basking in Reflected Glory，简称 Birging）。简单地说，与位高权重之人有一点联系，可以直接提升我们被感知的能力。

在恰当的时间提到你认识某个名人也有非常好的效果，你可以使用一种不易察觉的小技巧——突出自己与名人在小细节上的相同点，这样不会让他人觉得你是在厚脸皮地借名人之名自抬身价。

这些小细节包括相同的出生地、居住地、工作地点、政治或宗教观点、兴趣爱好，此外还有一些外在的相似点，比如着装等。你可以说自己与某位政治家或运动员是老乡，也可以说自己与某个演员上过同一所中学或者一起搭过电梯。

甚至只是生日相同，你也可以借名人的名气提升自己被感知的身份地位。美国心理学家艾尔·哈里森（Al Harrison）在认真查看了数千个名人的百科全书后发现，很多名人的生日都是某个节日，比如圣诞节或者美国独立日。例如路易斯·阿姆斯特朗（Louis Armstrong）的实际生日是 8 月 4 日，但他却声称自己生于 7 月 4 日（美国独立日）；著名神学家总是在耶稣（Yahushua）生日当天庆祝自己的生日。

因此，你不用担心自己提出的那个共同点与你的专业领域无关。只要在仔细确认后不经意地提到这些共同点，你就可以让这些细微的相似处产生巨大的影响力。

注意，不要表达得太夸张以至于被当成可笑的吹牛大王。更好的办法是，以漫不经心的姿态透露出你和名人有所关联。在进入一个陌生的社交圈子时，若想要被感知的身份较高、能力较强，最低调有效的办法是由圈子里身份最高的人来介绍你。就像你进入一家新的公司，如果公司 CEO 亲自介绍你，你就可以一直与最高地位产生联系。在专业报告的开场，如果有德高望重的人为你报幕，那也可以达到同样的效果。

还有一点，相信照片的力量。对此，我深有体会。几年前，我曾拜访电影制作人阿诺恩・米尔坎（ Arnon Milchan），他的主要作品有《美国往事》（*Once Upon a Time in America*）、《史密斯夫妇》（*Mr. Smith & Mrs. Smith*）等。当我独自坐在米尔坎的办公室里等候时，我的目光被各种照片所吸引，这些照片包括他与众多电影明星的合照、与总统的合照、与联合国秘书长的合照，这些均大大提升了我对米尔坎的敬意。

然而，没有与名人的合照，我们同样可以做到“狐假虎威”。

就像神父总是把上帝挂在嘴边，美国政治家频繁提到美国国父，医生总是提及费迪南德·绍尔布鲁赫（Ferdinand Sauerbruch），结构工程师时常说起古斯塔夫·埃菲尔（Gustave Eiffel），不管怎样，在恰当的时机这样做都很有效。

与某些机构（比如一所优秀大学或某个知名的用人单位）产生联系也会有明显的效果。我经常听人说起前雇主或母校的坏话，结果由于关联作用带来的负面影响，说话者的地位也因此下降。所以，注意间接影响力，不要夸自己，而是赞美所有与你有直接联系的事物，哪怕是毫不起眼的事物，也能给你带来正面影响。举个例子，当你讲述前雇主值得学习且在战略规划方面有多么惊人的创造力时，他的优点会与你产生关联，并因此提高你被感知的能力。

## 商品越贵越受人追捧?

谈及前牛津大学教授阿尔弗雷德·艾耶尔（Alfred Ayer）爵士时，人们总会提到下面这件事：20 世纪 80 年代末，阿尔弗雷德爵士受邀参加了一场在纽约举办的名流聚会。在聚会上，一位名为娜奥米·坎贝尔（Naomi Campbell）的模特不断被一名年轻男子冒犯，这名年轻男子看起来十分凶悍，其他来宾都不敢上前阻止。

最终，年迈的阿尔弗雷德爵士挺身而出，但冒犯者丝毫没有收敛自己的行为。

“你难道不知道我是谁吗？”年轻男子怒吼道，“我可是迈克·泰森（Mike Tyson），世界拳击冠军！”

“我是牛津大学教授！”阿尔弗雷德爵士反驳，“正因为我们都是各自领域的顶级人物，才应该像绅士一样交流。”

据说，阿尔弗雷德爵士就这样解决了争端。

就像一块普通的人造黄油，当它被金箔纸包装好并印上皇冠标签后，就会立即变成高档货。在两种肉排完全相同的情况下，你也会认为维也纳帝国酒店纯银钟罩餐盘盛着的肉排比街边小吃店放在纸盘里的肉排更美味。所以毋庸置疑，不论在哪里，被感知的高身份地位是让人信服的最有效的工具。

有人说，对于未受教育之人，阅读经典语录是非常明智的选择。你认为这句话可信吗？你觉得这句话富有哲理且吸引人吗？你可能对此无法认同，但如果此前我告诉你，其实这句话出自传奇政治家丘吉尔之口，那么你对这句话的想法肯定会变得不一样。只有名人名言才会被人重视，才能把索然无味的观点变成人类智慧的结晶，这就是身份地位的力量。

凸显并提高自己的身份地位，不仅可以通过服装和配饰，还可以通过与自己相关的事物，就像统治者把自己的身份刻在石碑上，企业家把办公地点选在闪亮的大楼，路易十四建造凡尔赛宫一样。1899 年，美国经济学家托斯丹·凡勃伦（Thorstein Veblen）就提出了炫耀性消费理论（Conspicuous Consumption），认为人们购买某些商品只是为了向他人炫耀和展示自己的金钱财力和社会地位，以及这种地位所带来的荣耀、声望和名誉。由此得出的凡勃伦效应说明，消费者对一种商品的需求程度会因其标价较高而不是较低而增加。

不管在看似不在乎身份地位的西方世界，还是在等级森严的东方文化社会，被感知的身份地位都十分重要。但是，身份地位不仅体现在你佩戴的贵重腕表上，正如上文所述，除了这些物质性的东西，谈吐大方更加重要。当你具备了所有能够影响被感知的身份地位的因素，你就可以马上提高他人对你能力的评价。

较高的身份地位更容易得到客户的青睐。有位公司经理曾坦言：“对于肯塔基州随便一个中型律师事务所都能处理好的案子，我更愿意跟上司说，我想找贝克·麦肯思国际律师事务所，或者其他知名的事务所，这样万一案子没有处理好，上司也不会太过追究。”

此外，较高的身份地位还有一个好处。你是否在现场听过知名人士的演讲？我总是很诧异，他们为何能在走上讲台的途中就获得观众的好感，为何随口说出一个笑话都能让听众乐开了花。后来我才明白，这是因为这些知名人士在我们心中有较高的身份地位，而他们竟然放低姿态取悦听众，这足以让我们好感倍增。如果同一个笑话由公寓管理员讲出来，可能根本没人会笑。事实就是，地位高的人更容易赢得他人的好感。

只有当我们与对方长时间接触以后，地位差别才会失去其作用。但是，从给他人留下第一印象这个层面来说，身份地位仍然至关重要。那么，身份地位是否存在着性别差异？女性是否要加倍重视上文提到的提高身份的方法？

与当今社会相比，过去的社会是另一番景象：1971 年，有实验结果表明，得过奖的名画不管是出自男性还是女性之手，其画者都可以得到同等的赞赏。但对于未获奖的画作，男性画者比女性画者得到的评价会更高。换句话说，男性和女性能得到同等评价，前提是能力水平足够高，否则男性会被认为更有能力。幸运的是，当今社会已有所改变：现代研究发现，至少在西方社会，男女身份地位几乎不存在差别。

让我们再回观麦肯锡咨询公司：19 世纪 60 年代末，在洛杉矶只有麦肯锡的咨询顾问和 FBI 的工作人员穿黑色西装，人们常常难以区分二者。在麦肯锡大获成功后，他们的咨询顾问就不再模仿 FBI 的穿衣风格了。《美国商业周刊》（*Business Week*）惊奇地发现，1965年，100名经理人里只有一名咨询顾问。到了1995年，13名经理人中就有一名咨询顾问。现在，咨询顾问的人数还在持续增长，也许在不久的将来，每名经理人都能胜任咨询顾问的工作。对此，牛津大学学者克里斯·麦克纳直白地总结："我们根本不需要成为专业人士。我们只需要像个专业人士。"

## 能力展示TIPS

- ◎ 注意自己的行为举止；
- ◎ 认真挑选服装和配饰；
- ◎ 身份象征应与自己所处的环境协调；
- ◎ 有一定地位的情况下才选择特立独行；
- ◎ 通过正确的肢体语言展现自己的地位；
- ◎ 使用 Powertalking；
- ◎ 有针对性地提问及适当沉默；
- ◎ 赞赏对方；
- ◎ 避免不必要的争吵，调节他人的矛盾；
- ◎ 不要谄媚；
- ◎ 学历和职衔对身份地位的影响重大；
- ◎ 展示自己的文凭、证书或者奖章；

- ◎ 争取公开发表的机会；
- ◎ 通过文学阅读等方面提升教育背景；
- ◎ 与社会名流、重要人物或知名机构建立联系；
- ◎ 不经意地突出你和名人的共同点；
- ◎ 夸奖所有与你有直接联系的事物。

ÜBERZEUGT!

**你的**
**行为手册**

克服忧虑，给自己一个新的开始

你认为一切都结束了的那一刻，往往意味着一个新的开始。

对于如何让他人相信你的能力，我们深入分析了大量研究成果、论文及书籍，最终将分析结果以这本书的方式呈现在大家面前。看到这里，你可能认为这本书有点意思，然后继续维持现状，但我们的期望不仅限于此。我们希望你不仅可以把这本书当作一本读物，还可以当作工作指南和实现目标的行为手册，并将内容牢记于心。

为了帮助大家掌握书中所提及的技巧，我接下来将对每章内容进行提要和总结。

## 01 被感知的能力

如果你希望在职业生涯中获得成功并让他人信服，能力就是最重要的因素。但是，外界并不能评价你的真实能力，他们只能判断你被感知的能力。这个世界是不公平的，你不能期望他人对你的能力做出公正的评价。此外，也没有人是无所不能的。所以不用怀疑，即使他人看到了你失败的一面，你依旧可以通过一些技巧提高自己被感知的能力。当你加倍努力且相信自己时，由于自我实现预言的作用，你不仅能提高被感知的能力，同时也会真正提高自己的能力。

## 02 高调

提高他人对你的期望，对现有工作任务持有乐观的态度，以及减少可能对你不利的言论至关重要。你还可以利用启动效应，通过时常回顾能证明自己能力的事物，变得更加自信和积极乐观。此外，在涉及自己核心能力的事情上绝对不要谦虚。

## 03 好消息，坏消息

你要清楚如何宣布好消息和坏消息才能对自己有利。宣布好消息时，一定要当着他人的面，且让自己成为人群的焦点；宣布坏消息时则要尽量表现得不引人瞩目。如果你是男士，并且地位较高，还可以在宣布坏消息时表现出愤怒。如果出现了严重问题，一定要及时做出说明，然后把话题转到乐观的方向。根据首因效应和近因效应，你宣布消息的顺序应该是：先提好消息，再提坏消息，第二好的消息留在最后宣布。

## 04 假装自己是天才

想要他人从你表现的各种特质中感受到你的能力，你应该表明自己的不利处境，不断强调任务的难度，但不要让他人觉得你必须特别努力才能完成任务，而应该给他人即使外部环境不利，你还是能轻松应对的印象。为了表现出自己是天才，是为自己所从事的专业而生，你要表明自己的发展道路都是事先规划好的。此外，表现得符合他人对你所从事领域的专家的刻板印象，也有助于提高自己被感知的能力。

## 05 高言值，你值得拥有

你的语言有决定性作用。说话的时候，请注意语速稍快、吐词清晰、语速稳定、声调沉稳、抑扬顿挫、音量稍高。

注意规范语言，方言和口音只有在符合人们长久以来对某个事物的好印象时才会产生积极作用。你要注意发言频率，多次长短适中的发言最有利，在提到最重要的观点前应该稍作停顿，避免多余的重复且尽量不要打断他人的发言。

请对 Powertalking 的技巧融会贯通：说话不要过分强调、吞吞吐吐、过于客气、阴阳怪气，要避免讨好他人、不正确的表达和反问。最后请记住，晦涩难懂的表达方式往往比通俗易懂的表达方式更容易获得高评价。

## 06 肢体语言会帮助你

通过正确的肢体语言凸显你的能力。你应该习惯与说话对象保持1.2 ~ 1.5 米的距离。你说话时，眼睛要直视对方，但听对方说话时，切忌看着他，另外，还需避免频繁眨眼。你不需要一直保持微笑，在合适的场合，一个真情实感的微笑就可以发挥无比积极的作用。此外，有效利用身体接触，你可以展示自己的威信。

对于男性，应该选择稍微侧立的站姿和稍微放松的坐姿，女性则应该保持稍微紧张的坐姿。如果大家围着桌子入座，你应该主动选择上席。身高对男性非常重要，因此要特别注意显高的技巧，以及什么时候该站着，什么时候要坐下。发言或做报告的时候，你应该想想“福克斯博士”激情的演讲方式，传递出自己的热情。

## 07 给自己光环，给别人光环

光环效应无处不在，对你给他人的整体印象有巨大的影响。好感度和吸引力是一个人最重要的特质，有很多方法可以提高这两种特质。

你可以通过恭维他人来积攒好感。在恭维对方的时候，目的性不要太明显，并且千万记住，具体的夸赞比千篇一律的赞美更有用。向对方表示尊敬和真挚的热情，并寻求建议。交谈的时候，把重点放在对方重视的主题上。另外，“模仿是最诚挚的恭维”。为了表现出与对方意见相同，最好在对方还未说出自己的观点之前，就将他的观点表达出来。当你与对方意见一致时，要表现得无比坚定；与对方意见不同时，最初应对自己的意见摇摆不定，然后再表现出被对方说服。通过一些讨喜的自我表现，比如凸显与对方的共同点、与对方坦诚相待等，也可以提高你的好感度。

不要再小看吸引力的作用，注意改善自己的面部特征，并对自己的身材进行管理。对于长相，重点是打造浓密的眉毛和睫毛，还有光滑无瑕的肌肤等。对男性而言，长相比身材比例重要，身材比例比胖瘦重要。对女性而言，身材比例比长相重要，苗条比好的身材比例更重要。

## 08 做有身份的人

身份地位对一个人的影响重大。你应该注意你的行为举止，细心挑选服装和用品，保证身份象征与所处环境协调一致。你也应该清楚只有当你已经拥有一定的地位时，特立独行才会产生好的影响。在与他人互动时，你需要有针对性地提问和适当的沉默，不要吝惜对他人的夸奖，应避免不必要的争吵，扮演协调员的角色，绝对不要谄媚。由于教育背景是身份地位的决定性因素，所以要重视你的学历和职衔，把你的文凭、证书和奖章放在最显眼的地方。

公开发表文章是加分项，你还可以通过阅读文学作品适当提升你的教育程度。最后，将自己与社会名流、知名人物或知名机构联系起来，不经意地强调与权威人士的共同点，赞赏所有与自己有直接联系的事物，也可以提升自己的身份地位，从而提升自己被感知的能力。

我们真的可以记住上面所有内容吗？你是不是担心自己没有办法掌握所有的技巧？换个思路：假设你从来没有驾驶过汽车，你是不是会担心自己无法学会驾驶？现在，我一五一十地给你讲解：汽车是一个代步工具，你需要通过练习去学会操作它。当你把汽车开到街道上时，你要注意街道没有固定的界限，只是用白线划出了车道，并且这些白线在夜晚难以辨认。在行驶途中，你必须时刻注意白线和四周车况。另外要注意，镜子里看到的东西的实际位置离你更近。启动和驾驶车辆时，你要用到双脚和双手，时不时还要开启车灯或打开雨刷。一个小小的失误都可能让你受到重伤，甚至是失去生命。还有一点，哪怕你的操作完全正确，但你不是一个人在路上，其他司机的不当行为也会给你带来严重的后果。

对上面这些描述你作何感想？你可能会认为驾驶车辆是如此复杂，完全无法想象和相信人们能够安全地驾驶车辆。然而事实是，每天都有无数人驾驶车辆，并且绝大多数人都不会发生交通事故。

相比于学会驾驶车辆，掌握上述提高被感知能力的技巧显得容易许多。既然绝大多数人都能安全驾驶车辆，那么我相信，我们也可以学会这些能带来大量益处的技巧。

ÜBER ZEUGT!

彩蛋　　你完全可以在职场脱颖而出

一切都会好的，如果你觉得现在不好，

是因为还没有到最后。

简单地了解本书提到的一些技巧后，大部分人会在潜意识中认为，自己被感知的能力不会被这些技巧影响。我们都知道，人类的大脑约有 1 000 亿个神经元，仅大脑皮层就有约 300 亿个神经元，这是我们思考的基础。这些神经元通过互相连接构成神经元网络，每个神经元都和大量其他的神经元相连接，不同神经元之间进行“沟通”时，我们很少能有意识地参与进去。因此，潜意识的想法并不能代表实际情况。

本书涉及的知识主要来自心理学、社会学及社会心理学领域，这些领域都致力于研究社会环境下个人的经历与行为。早在 1934 年，美国哲学家乔治·赫伯特·米德（George Herbert Mead）就提出了自己的观点，他认为我们被认同的身份一开始都是通过与他人互动形成的。加拿大社会学家尔文·戈夫曼（Erving Goffman）则把人际交往比作舞台剧，他认为每个参与者都是演员。至于社会心理学，我们首先关注的是个人知觉（Person Perception）这个分支，也就是我们根据有限的信息对一个人形成印象的过程。关于这个分支，我们最感兴趣的是如何利用它，给他人留下较好的第一印象，即印象管理，又名自我展示。

虽然已有深度研究证实了受欢迎的重要性，但即使不受欢迎，我们还可以通过能力服众。毕竟人们在需要帮助的时候，更愿意向有能力的人而不是单纯讨人喜欢的人求助，所以很明显，能力比受欢迎程度更重要。然而奇怪的是，除了我的第一本书《能力展示的艺术》里有关于这个主题的探讨，如何提高被感知的能力这一主题还没有被系统地研究过。

## 技巧的组合使用

看到目录时，你会发现本书罗列了很多影响被感知能力的因素，因此，你可能会怀疑所有的技巧是否能够组合使用。这是一个关于相互作用的问题，说的更广泛点，是关于个体与整体关系的问题。

关于这个问题有两种说法。说法一是整体由个体累加构成，也就是说每种技巧的使用效果堆叠在一起，最终决定了所有技巧一起达成的效果。举个例子，较高的社会地位对提高被感知能力的影响力是 a，吸引力的影响力是 b，那么较高的社会地位和吸引力的影响力就是 a+b。拥有能提高被感知能力的单个因素越多，他人对我们能力的评价就越高。在这种说法下，单个因素之间的相互作用并不那么重要。

说法二是整体印象范式。按照这种说法，我们对他人的印象是一个整体，而不是通过单个因素决定的。我们喜欢通过直观的因素，比如外表或特定的行为模式，推断不可见的因素。而且我们的大脑会自动接收新信息，并与旧信息形成的概念结合，即光环效应，对一个人某方面的印象会影响对他其他方面的印象。

整体印象范式还说明，不同的特征会被放到一个集合来观察，即整体影响个体。就像内隐人格理论（Implicit Personality Theories）所阐述的，人们习惯于将多重人格特质归入同一类的一种图式。例如，很多人认为，善良的人也很大方。当研究对象不仅仅是人类的时候，这个理论也被称为共识图谱（Consensus Maps）。我们关注自身，所以想了解和掌握内隐人格理论，更准确地说，我们对如何提高自己被感知的能力十分感兴趣。

利用内隐人格理论提高自己被感知的能力的技巧我们之前已经提到过了，即刻板印象。也就是我们在总结某一特定群体的特征后，表现出相同的特征是非常有效的。例如，医生会在脖子上挂着听诊器，电子工程师总是使用最新的电子设备，哪怕不了解他们实际的专业水平，我们也会认为他们很有能力。

回想一下测试者选择两位竞选同一公职的候选人的实验，测试者也是通过候选人的外表吸引力从而对他们产生整体印象，最后做出选择，所以整体印象的影响力巨大。由于判断一个人能力的影响因素太多，我们总是习惯于先通过少数线索得到整体印象，并且在获得其他线索时，我们倾向于确认已经形成的整体印象。让我们看看下面这个图。

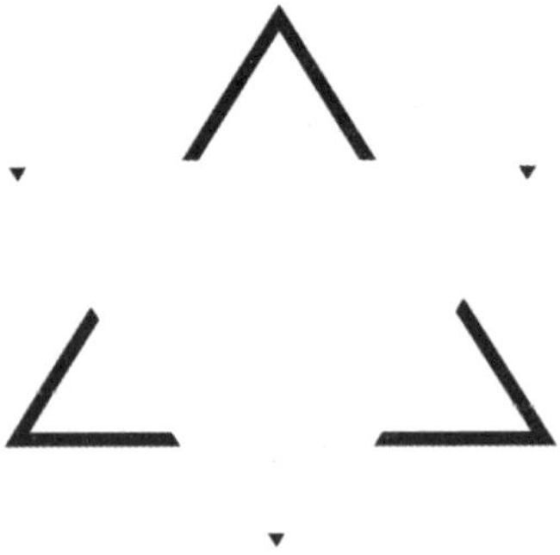

这个图由 3 个点和 3 个角构成，但研究显示，大部分人认为从这个图中看到了两个三角形。

对核磁共振成像的新研究表明，我们的大脑会为不完整的三角形画上线，就好像这些线实际存在一样。对于这个图的研究结果，我们可以用整体印象范式来解释，即根据部分个体判断整体。我们也只根据一点点线索就会对一个人做出整体评价，虽然这样的整体印象是不全面的，但我们别无选择，如果我们精确地收集每一条线索，肯定会因为工作量太大而不得不中止行动。

整体印象范式对我们有一个好处：记忆会时常被更新，更新过程中产生的记忆漏洞会被与现有印象相符的信息填充，而这些信息很容易伪造。人们对一个人的印象往往是理想形象而非实际记忆，你可能担心某个负面的事件让他人降低对你能力的评价，实际上，只要你给对方留下了好的整体印象，某个负面的事件并不会对你产生太大的影响。从这一点来看，个体之间的相互作用给我们提供了机会，让我们通过某个积极因素认证其他因素，并由此提高被感知的能力。

## 错误百出的能力探测器

为了全面认识对方，或是做出某项决定，你需要准确推测对方的能力。这时候，你会苦恼于完全没办法准确评价他人的能力。有实验表明，即使掌握了足够多的信息，也只有 20% 的测试者可以相对准确地评估他人的能力。另外我们发现，相比男性，女性可以通过远距离的短暂接触，对对方做出更准确的评价。

心理学家阿摩司 · 特沃斯基（Amos Tversky）和丹尼尔 · 卡内曼（Daniel Kahneman）发现，我们会快速对某个人形成第一印象，而这一过程并没有经过我们的深思熟虑。之后，通过与对方接触，我们的理智才会参与评价对方的能力。

现在我们所面临的问题就是，辨认一个人的真实能力非常困难，甚至是不可能做到的。虽然我们经常因为在路上遇到不懂交通规则的驾车新手而生气，但我们清楚地知道，路上不可能全都是技术精湛的司机。所以，即便苦恼于不能准确评价对方的能力，我们也不能企望完美的解决办法，只能通过与能力密切相关的因素，尽量准确地判断对方的能力。

因此，辨别哪些因素真正有助于我们判断他人的能力就显得至关重要了。通过分析，我们发现对于一名医生，经验和就读的大学名声并不能决定他的真实能力，反而是他的毕业成绩、学历，还有一个让人意外的因素——医学杂志的订阅数量，反映了他的能力。

研究表明，下列表现证明了一个人拥有较高的能力：

◎ 较快的语速；

◎ 通俗易懂的规范语言；

◎ 说话时适宜的眼神交流；

◎ 良好的行为举止；

◎ 敏捷的思维。

这些表现我们可以轻易观察到，但值得注意的是，视觉因素经常会误导我们，所以倾听比观察更有利于准确判断。有趣的是，相较于男性，女性更懂得如何利用有利因素展示自己的能力。

除了行为举止，你也可以通过提问来判断对方的能力。例如，你可以询问对方对一件事情的本质的看法，以及该事件对他的影响。通过对方是否全面地对该事件进行分析，以及对方在回答时的语言和肢体动作等线索，你就可以对他的能力做出评价，从而判断对方能否让你信服，以及他的可信度有多高。

## 使他人对我们的能力心悦诚服

如何区分类似的审计师？如何辨别类似的公司？如果你是内行人员你可能能够区分，但作为外行人员你或许完全认识不到差别。

欧洲新生代管理大师乔纳斯·瑞德斯卓（Jonas Ridderstrale）和瑞典经济学家谢尔·诺德斯壮（Kjell Anders Nordstrom）总结道："富足社会中，到处都是类似的公司、产品和人，他们提供类似的服务和创意，有类似的质量和价格，还有类似的教育背景。"

实际上，人们还是会对类似的公司、产品或人进行区分。就像不同的食品厂商使用相同的糖或面粉等原材料，即便他们生产的产品类似，还是有一些品牌能得到顾客的特别青睐。本书提到的所有提高被感知能力的技巧，都是围绕着相同实际能力下的差异化，以及诸多无法解释的优势展开的。

在你的潜意识里，你是否认为有目的地进行印象管理不是什么光明正大的事？你是否觉得美化自己的形象是可耻的事情？仔细观察一下现实生活，我们会发现美化自己的行为无处不在：理发是为了让自己更好看；喷香水是为了提升自己的吸引力；女士们穿高跟鞋、涂口红和指甲油，也是为了给他人留下更好的印象。这些行为不应该被谴责，我们有权利展现自己最好的状态。

这绝对不是让你去欺骗对方，比能力更重要的是可信度，它由能力和信誉共同决定，信誉又是由正直、持之以恒和忠诚决定的。想要拥有较高的可信度，就应该避免瞒天过海的行为，而是把注意力放在如何有效地给他人留下好印象上面。我们再通过一个例子来详细说明：你可以不懈追求外表的美好，但不应该在文胸里塞满海绵，以假装自己有傲人的胸围，而是应该选择合身的文胸。

还有研究表明，有意识地使用能够提高被感知的能力的技巧对双方都有好处。一方面，对方可以得到关于你的重要信息，这些信息如果你不强调就可能被忽视。另一方面，你也可以借此更好地展现自己。并不是所有人都知道这些技巧，所以接受并且相信它们，最终将会使你快人一步。

对于一些技巧，虽然我指出了存在性别差异，但总体来说，所有的技巧是男女通用的。几十年前，男性普遍被认为比女性更有能力，但现在的研究中几乎看不到这些性别差异了。

正如我反复提到的，恰当地使用这些技巧需要细致的观察能力，如果对方意识到你在打造自己的形象，那么他就会有抗拒反应。

当今社会，你的对手来自世界各地，竞争比过去更加激烈。使用能够提高被感知的能力的技巧时，我们要注意起到决定性作用的细节。美国经济学家舍温·罗森（Sherwin Rosen）曾提出“超级巨星经济”（The Economics of Super Stars），他认为微小的优势，比如快 0.01 秒的冲刺、细节处理得更好的一次小提琴演奏或者一个能够提高被感知能力的小技巧，都可以决定一个人是成为万人敬仰的大师，还是无人问津的失败者。胜者为王，胜利的人将拿走一切。你是愿意花 2 欧元买一张没有名气的小提琴手的唱片，还是愿意多花 50 美分买一张小提琴天才约书亚·贝尔的唱片？

回过头再看约书亚·贝尔的街头演奏实验。实验的组织者、《华盛顿邮报》的记者吉恩·温加滕把该实验令人震惊的结果解释为“没有边框的艺术品”，即如果一幅画没有画框且以几美元价格出售，我们不会注意到它是我们在博物馆目不转睛欣赏的名画。对此，英国艺术家班克西（Banksy）提供了强有力的证明。班克西作品的售价通常能达到几百万美元，一次，他匿名将自己的画放在纽约中央公园售卖，与约书亚·贝尔的遭遇类似，过了 1 小时他才迎来了第一位顾客。最后，他的两幅画以 60 美元廉价出售，这就是缺少“边框”的结果。

从约书亚·贝尔演出的受欢迎程度我们得知，他在街头演奏实验前就已经得到了人们的认可。而本书提到的多种技巧，目的是帮助我们在没有被认可之前，使他人对我们的能力心悦诚服。

# ÜBER ZEUGT! 作者简介

## 将学术与商业完美结合的跨界专家

雅克·纳斯海出生于 1979 年，曾在牛津大学学习和任教，现为慕尼黑商学院和斯坦福大学教授。雅克是阅读和影响人类行为的专家，在谈判方面尤其有心得，他以谈判为主题展开培训，为世界各地的公司提供咨询，并开办了属于自己的谈判研究所。他的书已从奥地利出版到中国，并在 100 多家电视台和广播电台播出了专题节目。

## 将多种学科融会贯通的资深学霸

雅克曾在德国、法国和美国求学，主修哲学和心理学，并在法兰克福法学院以一等奖学金完成了他的法律学位。随后，他被任命为牛津大学贝利奥尔学院（Balliol College，牛津大学最著名、最古老的学院之一，以活跃的政治氛围著称，曾经培养出了多位英国首相和其他英国政界的重要人物。——译者注）的研究助理，并在此获得管理学硕士学位。在维也纳大学完成了卡尔·波普尔爵士（Sir Karl Popper，20 世纪最著名的西方哲学家之一。——译者注）的博士学位之后，他先后在知名法律机构世达律师事务所、欧洲议会和欧洲法院任职，并在纽约市担任联合国助理。

2005～2009年，雅克在牛津大学任教，担任导师和经济管理类学位申请者的面试官；2010年，他被任命为慕尼黑商学院的领导与组织行为学专业教授，并在慕尼黑大学举办了多场博士研讨会。

## 商业心理学与谈判领域的顶级专家

多年来，雅克先后以创始人和投资者的身份行走于企业、电影业、房地产业、私募股权和风险投资领域，并于2004年开始为企业提供沟通和谈判方面的咨询服务，因为谈判是商业、心理学和法律的交集。自此之后，雅克一直与各行业密切合作，并向他们提供了谈判界的最新研究成果和最佳实践，他的客户包括西门子、IBM、德意志银行、博世公司、戴姆勒公司、H&M、巴斯夫等知名企业。此外，雅克是“人格与社会心理学学会”（Society of Personality and Social Psychology）的成员，也是商业心理学家协会的主办人员。他深度投身于为商业心理学家制定专业标准的工作。

## 畅销书作者和演说家

雅克的书在全球各地都有很高的畅销率，他的名字经常出现在《哈佛商业经理》等知名刊物上。他还是世界领先科学会议（world’s leading scientific conferences）的热心撰稿人和审稿人，并在2016年国际应用心理学会议上获得最佳论文金奖。他经常在全球各地举办沟通艺术方面的演讲与课程，屡屡受邀担任德国谈话性节目的嘉宾，所撰写的相关文章不定期发表于各大期刊。他在心理学方面的杰出成就，获得了全球百万读者的肯定。